本书出版受到数字化商业技术应用工程研究中心、贵州省山地空间信息协同智能感知工程研究中心、贵州省空天大数据分析与应用创新中心、贵州商学院重点学科建设项目电子信息、基于空间结构的高斯过程回归代理模型优化方法研究等项目资助。

基于空间结构与代理模型的 Fredholm积分方程求解方法研究

邱仁军　著

中国·成都

图书在版编目(CIP)数据

基于空间结构与代理模型的 Fredholm 积分方程求解方法研究/邱仁军著.--成都:西南财经大学出版社,2024.11.--ISBN 978-7-5504-6241-0

Ⅰ.O175.5

中国国家版本馆 CIP 数据核字第 2024NQ3558 号

基于空间结构与代理模型的 Fredholm 积分方程求解方法研究

JIYU KONGJIAN JIEGOU YU DAILI MOXING DE Fredholm JIFEN FANGCHENG QIUJIE FANGFA YANJIU

邱仁军　著

策划编辑:高小田
责任编辑:高小田
责任校对:王青杰
封面设计:墨创文化
责任印制:朱曼丽

出版发行	西南财经大学出版社(四川省成都市光华村街 55 号)
网　　址	http://cbs.swufe.edu.cn
电子邮件	bookcj@swufe.edu.cn
邮政编码	610074
电　　话	028-87353785
照　　排	四川胜翔数码印务设计有限公司
印　　刷	四川五洲彩印有限责任公司
成品尺寸	170 mm×240 mm
印　　张	8.25
字　　数	170 千字
版　　次	2024 年 11 月第 1 版
印　　次	2024 年 11 月第 1 次印刷
书　　号	ISBN 978-7-5504-6241-0
定　　价	60.00 元

前言

Fredholm 积分方程作为数学领域的重要分支，自其诞生以来，便吸引了众多数学家的关注和研究。Fredholm 积分方程的研究具有重要的理论和应用价值。在理论上，Fredholm 积分方程为我们提供了解决一类特定问题的有效工具，其广泛的应用涵盖了物理、工程、经济等多个领域。通过深入研究 Fredholm 积分方程，我们可以更好地理解这些领域中的复杂问题，并提出有效的解决方案。

本书的撰写旨在系统地介绍和讨论 Fredholm 积分方程的基本理论、方法和应用。通过深入剖析 Fredholm 积分方程的数学特性和解法，我希望能够为读者提供一个全面而且深入的推理过程。本书内容主要分为七个章节，包含五个主要部分。

(1) 基于 H-Hk 结构，本书系统分析了 Fredholm 方程的解可能存在的情形，并相应地给出了算子型最小范数解析解。借助 H-Hk 结构，建立并证明 Fredholm 方程的值域空间与零补空间的等距同构关系，通过积分核明确了它们的空间结构，为 Fredholm 方程是否可解提供判据。对于 Fredholm 方程的本原问题，通过 H-Hk 结构呈现出各种算子型最小范数解析解，其中在平方可积空间内的最小范数解析解是最具普适性的。

(2) 基于 Kriging 插值代理模型，本书获得了 Fredholm 方程多种形式的最小范数插值解及其不确定性估计，并提出自适应的最优序贯选点策略，确保了插值解的精确性和稳定性。通过 Kriging 插值代理模型，获得多种形式的最小范数插值解，解决了解析解可能存在的再生核演算困难问题。此外，本书还提出了自适应的最优序贯选点策略，相对均匀选点，用较少的插值点就能保证插值解的精确性和稳定性。特别地，退化核方程通过该策略必能在 m（退化核项数）步内获得其最小范数解析解。

(3) 基于高斯过程回归代理模型，本书将 Tikhonov 正则化方法推广到误差水平未知的情形，并获得与该方法相似的最小范数正则解及其不确定性估计。本书从概率视角研究了 Fredholm 方程，通过高斯过程回归模型明确了误差数据对正则解产生的不确定性。此外，本书还证明了 Fredholm 方程的可解性边界为差空间，它严格嵌入了无穷个稠密的再生核 Hilbert 空间。通过 Cole-Hopf 变换，该差空间表征了 Burgers 方程的相变阈值界限，是出现转捩现象的根本原因。

（4）基于 H-Hk 结构和高斯过程回归代理模型，本书将用于求解对称核方程的经典 Picard 定理推广到一般的 Fredholm 方程，并获得了普适性的有限维逼近正则解。借助 H-Hk 结构，将 Picard 定理推广到一般的 Fredholm 方程，并获得了任意正交基下的级数型最小范数解析解。基于高斯过程回归代理模型，再将正交基函数推广到一般的基函数，获得了 Fredholm 方程的有限维逼近正则解。

（5）基于 Kriging 插值代理模型，Fredholm 方程的插值解在大雷诺数下通过 Cole-Hopf 变换可获得 Burgers 方程 Cauchy 反问题的插值解。通过对 Fredholm 方程的研究，其可解性边界表征的是 Burgers 方程的相变阈值边界，并获得 Burgers 方程[①] Cauchy 反问题的闭形式插值解。数值实验表明，该插值解能刻画大雷诺数对转捩带来的影响，能描述真实的流场特性。

本书的撰写得益于广大数学家和工程师的研究成果，并借鉴了相关领域的最新进展。本书力求以简洁明了的语言，配以详细的数学推导和实例分析，使读者能够迅速掌握 Fredholm 积分方程的关键概念和解题方法。

最后，我要感谢所有对本书撰写与出版做出贡献的人员，包括各位研究者、同行和编辑团队。希望本书能够成为学术研究和工程实践中的重要参考资料，为解决实际问题提供有力的支持和指导。

希望阅读本书的各位能够从中获益，进一步深化对 Fredholm 积分方程[②]的理解，并祝愿各位在实际应用中取得更多的成果。

邱仁军

贵州商学院静心湖

2024 年 6 月

---

① 第一类 Fredholm 积分方程的深入研究对于理解复杂系统（Burgers 方程）的自组织、相变和混沌等特征具有重要意义，具体可见本书第 6 章。

② 本书所出现的 Fredholm 积分方程或积分方程均表示第一类 Fredholm 积分方程，它与第二类 Fredholm 积分方程除了方程形式不同外，更主要的区别是解的存在性和稳定性。第一类 Fredholm 积分方程通常被视为不适定方程，其解可能不存在，即使存在也可能不唯一，且不具有稳定性。当已知函数发生微小变化时，相应的解可能不会有微小的变化。相比之下，第二类 Fredholm 积分方程的解的性质可能更加稳定，但其具体性质也取决于方程的特定形式和条件。两类方程都涉及对未知函数的积分运算，并在数学和物理领域有着广泛的应用。

目录

1 绪论 / 1

1.1 研究背景 / 1

1.1.1 耗散结构与 Burgers 方程 / 1

1.1.2 相变机理与不确定性 / 4

1.2 国内外研究现状 / 5

1.2.1 耗散系统 Burgers 方程及其反问题 / 5

1.2.2 第一类 Fredholm 积分方程 / 6

1.2.3 正则化方法 / 8

1.2.4 有限维逼近方法 / 9

1.3 H-Hk 结构与代理模型 / 10

1.3.1 H-Hk 结构 / 10

1.3.2 代理模型 / 11

1.4 关键问题 / 13

1.5 结构安排与创新点 / 14

1.5.1 结构安排 / 15

1.5.2 主要创新点 / 17

2　基于 H-Hk 结构的算子型最小范数解析解／ 19

2.1　退化核方程的解析解／ 19

2.2　可解 Fredholm 方程的算子型最小范数解析解／ 21

2.3　投影可解 Fredholm 方程的算子型最小范数解析解／ 24

2.3.1　再生核 Hilbert 空间／ 24

2.3.2　平方可积空间／ 25

2.3.3　值域空间的再生核延拓／ 26

2.4　算例分析／ 28

2.4.1　退化核 Fredholm 方程的解析解／ 28

2.4.2　非退化核 Fredholm 方程的解析解／ 30

2.5　小结／ 31

3　基于 Kriging 插值模型的最小范数插值解／ 33

3.1　Kriging 插值模型／ 33

3.2　Fredholm 方程的最小范数插值解及其不确定性估计／ 37

3.2.1　最小范数插值解／ 37

3.2.2　收敛性分析／ 40

3.3　基于最小化最大不确定性的序贯试验设计／ 42

3.4　基于序贯设计求解退化核 Fredholm 方程的最小范数解／ 43

3.5　算例分析／ 45

3.5.1　退化核 Fredholm 方程的序贯选点过程／ 45

3.5.2　非退化核 Fredholm 方程的序贯选点过程／ 48

3.6　小结／ 55

4 基于高斯过程回归模型的最小范数正则解 / 56

4.1 正则化方法 / 56

4.2 高斯过程回归模型 / 57

4.2.1 贝叶斯线性回归 / 57

4.2.2 高斯过程回归 / 58

4.3 Fredholm 方程的最小范数正则解及其不确定性估计 / 61

4.3.1 最小范数正则解 / 61

4.3.2 收敛性分析 / 63

4.3.3 正则化参数 / 66

4.4 Fredholm 方程的可解性及其刻画 / 67

4.5 算例分析 / 68

4.6 小结 / 73

5 基于高斯过程回归模型的有限维逼近解 / 74

5.1 Picard 定理 / 75

5.1.1 对称核 Fredholm 方程 / 75

5.1.2 非对称核 Fredholm 方程 / 77

5.2 Fredholm 方程的级数型最小范数解析解 / 77

5.2.1 最小范数解析解 / 81

5.2.2 最小范数插值解 / 81

5.3 Fredholm 方程的有限维逼近正则解及其收敛性 / 82

5.4 算例分析 / 87

5.5 小结 / 89

6 Burgers 方程算例分析 / 91

6.1 耗散系统 Burgers 方程 / 91

6.2 Burgers 方程 Cauchy 反问题 / 93

6.2.1 Cauchy 反问题的插值解 / 93

6.2.2 经典算例分析 / 95

6.3 小结 / 101

7 总结 / 102

参考文献 / 104

1 绪论

1.1 研究背景

20 世纪 70 年代以来，复杂性科学及非线性科学的出现对世界产生了重大的影响，主要意义在于让人们认识到微观粒子在非线性作用下呈现出宏观的周期运动或混沌运动。湍流作为一个典型的非线性复杂系统，其转捩点的相变机理研究始终是数值风洞中最关键也是最复杂的问题。该问题直接推动了非线性系统的数学刻画，相继出现类似于 Burgers 方程等用于描述转捩现象的数学模型，还产生了分形、吸引子及耗散结构等重要概念。Burgers 方程中的雷诺数可表征层流到湍流的转捩，而耗散结构则从整体对流体中涡结构的“拟序”特性进行了解释，但还缺乏对转捩机理的系统研究。确定初始状态是顺利开展其机理研究的基础和先决条件，因此对初始状态的反演具有十分重要的科学研究意义和应用价值。

1.1.1 耗散结构与 Burgers 方程

耗散结构论[1-3]不仅对自然科学带来突破性的发展，而且对世界产生划时代的重大影响，普利高津也因此获得 1977 年的诺贝尔化学奖。总结起来，耗散结构的具体形成过程可概括为：一个非线性且远离平衡态的开放系统，通过不间断地进行物质与能量的交换，系统中某个核心参量的变化突破某一阈值后，系统出现涨落，可能发生突变，随后系统在时间、空间及功能上出现一种有序状态，如图 1.1 所示。若用 Burgers 方程描述转捩现象，临界点可理解为流体从层流过渡到湍流的转捩点，此时 Burgers 方程中的雷诺数也将越过某临界值。

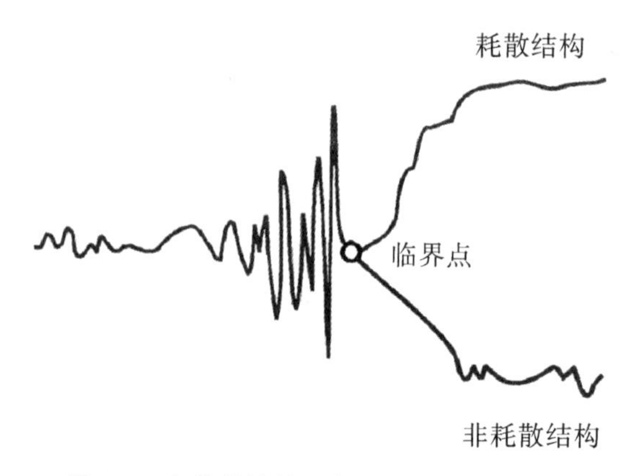

图 1.1　耗散结构的形成过程（摘自［4］）

Benard 对流实验[5-7]是耗散结构的经典案例。对烧杯内的一薄层液体进行均匀加热，在液体下底面与上表面的温差较小时，不会产生明显的物理结构。但当温差达到某一阈值时，液体自动涌现出规则的六边形对流元胞，且热流都是从每个元胞的中心涌起，在边缘退去，形成稳定有序的对流状态，如图 1.2 所示。

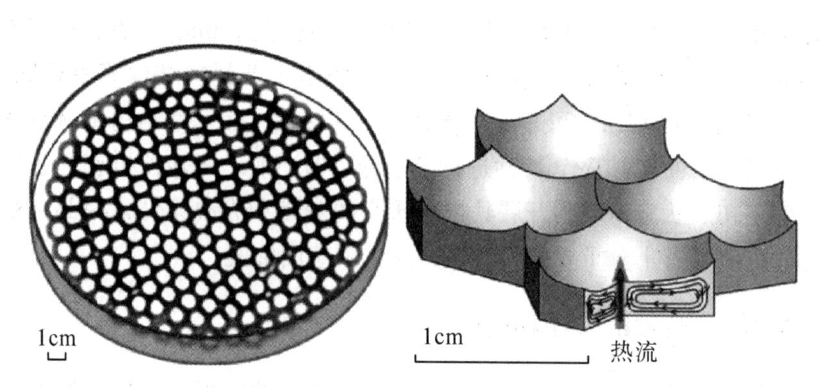

图 1.2　Benard 对流实验（摘自［8］）

此外，Kline 等[9-12]还发现流场也具备耗散结构特征。不规则的流场通过外界的物质和能量交换，各种涡结构将会按某种次序相互作用和转化，形成非周期的大尺度“拟序结构”，即形成了耗散结构。Benard 对流和湍流分别是瑞利数（Rayleigh number）和雷诺数（Reynolds number）越过一定阈值后的临界状态，表征了流体对流的演变过程。从层流到湍流过程中的转换可用 Burgers 方程进行近似描述，其数学形式为

$$
\begin{cases} u_t + uu_x = vu_{xx}, & v = 1/Re, \\ u(0,\ t) = u(l,\ t) = 0, & 0 < t < T, \\ u(x,\ 0) = f(x), & 0 < x < l. \end{cases} \tag{1.1}
$$

其中 uu_x 被称为非线性对流项，vu_{xx} 被称为耗散项或扩散项，$v = 1/Re$ 为耗散系数，Re 表示雷诺数。

在耗散系统 Burgers 方程中，雷诺数是其相变参数，当它越过某一阈值后，该方程的解将表现出激波特性，系统可能会发生突变行为。人们难以对该行为给出合理的解释，以致对其研究始终停滞不前。虽然 Burgers 方程可通过 Cole-Hopf 变换法变为第一类 Fredholm 积分方程的形式，但是还不能从雷诺数的变化解释 Fredholm 方程的突变行为。直到 20 世纪 70 年代，普利高津用耗散结构理论诠释了该特性后，其再次引起人们的重视。总结起来，耗散系统 Burgers 方程的发展历程可由图 1.3 进行描述。

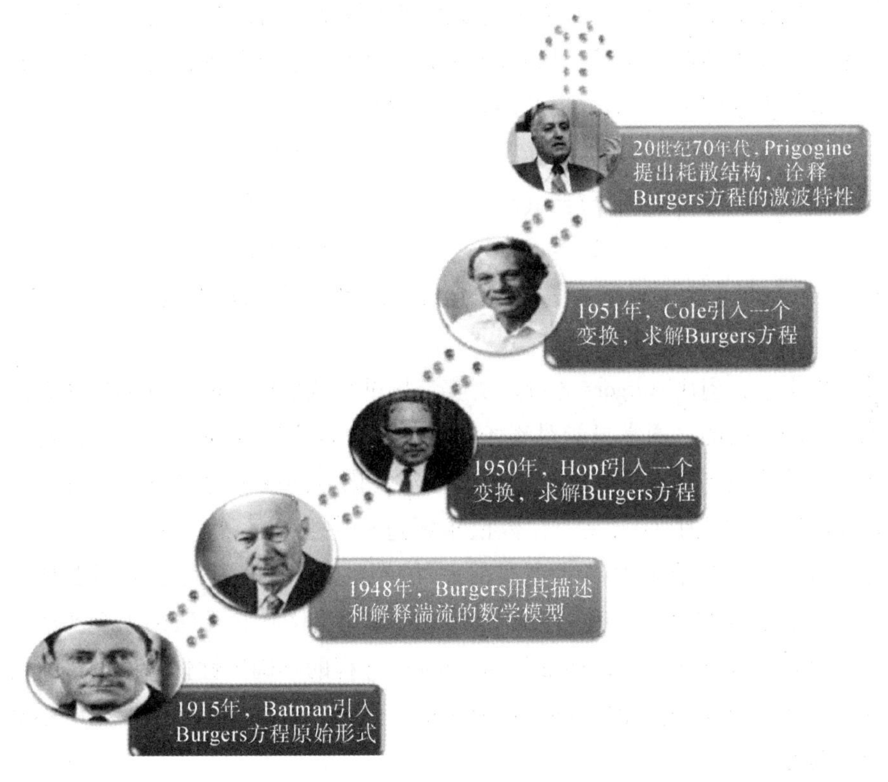

图 1.3　Burgers 方程的发展历程（摘要［13］）

1.1.2 相变机理与不确定性

耗散结构揭示了一个系统从无序到有序的转变过程中存在某个临界点，此时微小的改变会导致系统发生突变，系统也将出现稳定有序结构。用 Burgers 方程描述转捩现象时，转捩点表征的是雷诺数对应的某一阈值，此时流体也从层流过渡到湍流，中间出现短暂激波现象。目前，人们用 Burgers 方程描述流场问题时，专注于解决以下问题：

当流体的速度和压强的脉动呈现出不均匀不对称状态后，流场才可能出现“拟序结构”，此时雷诺数已经处于转捩边缘。随着雷诺数继续增加，如何描述未来一段时间内流场的变化，即如何求解 Burgers 方程是需要我们考虑的。

虽然可用普利高津的耗散结构 Burgers 方程的相变现象进行解释，但是其相变机理仍未明确。如何通过流场的观测数据对初始分布进行反演，是理论分析发生转捩的关键。从 Burgers 方程来看，表现为如何确定其初始分布，即如何求解 Burgers 方程 Cauchy 反问题。

$$\begin{cases} u_t + uu_x = vu_{xx}, & v = 1/Re, \\ u(0,\ t) = u(l,\ t) = 0, & 0 < t < T, \\ u(x,\ T) = F(x), & 0 < x < l. \end{cases} \tag{1.2}$$

其中 Re 为雷诺数，$F(x)$ 为 T 时刻的分布（可积函数或离散观测数据），需反演 $t_0 \in [0,\ T)$ 时刻的分布。

事实上，当用 Burgers 方程对真实流场进行数值模拟时，其初始状态是无法准确获得的，通常只能对流场中的观测数据进行反演才可获得其初始状态，才能找到转捩发生的根本原因，对雷诺数的阈值界限进行研究。但是观测数据往往带有误差，在数值求解过程中会产生不可预见的不确定性，这导致很难精确地描述真实的流场特性。虽然学者们已经用多种方法[14-16]对其不确定性进行分析，但都聚焦于小雷诺数，无法刻画真实的流场。目前还未发现在大雷诺数下对 Burgers 方程的不确定性估计问题进行研究。虽然 Burgers 方程的不确定性源于诸多因素，但是误差数据产生的不确定性是必须要关注的。

综上所述，Burgers 方程用于数值模拟航空飞行器时，转捩点的相变机理及误差数据产生的不确定性估计问题仍未明确。特别地，通过 Cole-

Hopf 变换，可将 Burgers 方程转化为第一类 Fredholm 积分方程的形式，其相变机理问题也将转移到 Fredholm 方程，因此本书将聚焦于研究一个带有大雷诺数的 Fredholm 方程的相变机理问题及误差数据产生的不确定性估计问题。

1.2 国内外研究现状

耗散系统 Burgers 方程作为 Navier-Stokes 方程的简化形式，表征的是一个非线性的耗散系统，并作为经典的非线性偏微分方程常被用于检验各类数值算法的优劣。特别地，它还能近似地描述由对流与扩散引起的湍流问题，具有非常重要的研究价值与应用前景，如 Burgers 方程广泛应用于空气动力学[17-18]、非线性声学[19-21]及交通动力学[22-24]等领域。

1.2.1 耗散系统 Burgers 方程及其反问题

1915 年，Bateman[25]首先介绍了 Burgers 方程的数学模型，并给出其稳态解。直到 1948 年，Burgers[26-27]发现该方程能近似地描述由对流和扩散引起的湍流问题，才被大家重视，为纪念他做出的贡献，该方程被命名为 Burgers 方程。自从 1951 年 Cole[28]发现 Burgers 方程具有激波特性以来，如何将其用于确定其解析解和数值解引起了极大关注。

Burgers 方程的解析解。对于一维 Burgers 方程的解析解的研究方法比较多，最著名的是在 1972 年，Benton 和 Platzman[29]基于不同边界和初始条件的 Cauchy 问题，总结出 35 个一维 Burgers 方程的解析解。近年来，Caldwell[30]、杨先林[31]、Mustafa[32]及 Biazar[33]等学者已获得特定 Burgers 方程的解析解。特别地，2010 年 Wood[34]给出的经典非分数阶 Burgers 方程及 2020 年 Li[35]给出的分数阶 Burgers 方程常被用于检验算法的优劣。相对而言，较难获得二维或高维的 Burgers 方程[36-40]的解析解。

Burgers 方程的数值解。大雷诺数可能会导致激波现象，在不能准确获得解析解的情况下，人们致力于研究稳定的数值解，总结起来主要包括配置点法[41-43]、有限差分法[44-46]、无网格法[47-49]、小波方法[50-54]、Cole-Hopf 变换法[55-58]等，其中 Cole-Hopf 变换法是最简便有效的方法。此外，还存在一些特定的数值方法，如积分方程法[59]、随机逼近法[60-62]等。但是所有的数值方法都需应对大雷诺数可能产生的转捩问题，都在关注解的精确性和稳定性。

特别地，Cole-Hopf 变换法自 Cole 和 Hopf 提出伊始，便成为探索 Burgers 方程解析解和数值解的经典变换。2007 年，Wazwaz[63] 基于 Cole-Hopf 变换研究了 Burgers 方程及其耦合方程的多重解。2009 年，Ohwada[55] 获得了一种形式解，其分子分母的系数可由多项式函数进行逼近。2018 年，Elgindy[58] 基于 Cole-Hopf 变换法将 Burgers 方程转化为一个易解的无约束积分方程，该方程具有指数的收敛速度。2022 年，Liu[64] 还研究了 Burgers 方程定态激波解的稳定性，得到的结论是该定态解在李雅普诺夫意义下是稳定或渐近稳定的。2023 年，Yan[65] 还提出将广义 Cole-Hopf 变换法用于求解非齐次的 Burgers 方程。

综上所述，对于 Burgers 方程 Cauchy 正问题的研究可概述为：当雷诺数较小时，大多数方法可得到较为精确的数值解；当雷诺数较大，特别是接近某一阈值时，很难得到一个稳定且高精度的数值解。

虽然 Burgers 方程 Cauchy 反问题有广泛的应用，但是相比正问题，其研究相对滞后。雷诺数可能会导致激波现象，这会导致一维 Burgers 方程 Cauchy 反问题的精确求解十分困难，且已有工作都是聚焦于小雷诺数进行的。2017 年，Gamzaev[66] 构造了一个基于迭代算法的隐式差分格式，该差分格式可求解一类小雷诺数的 Burgers 方程 Cauchy 反问题。2019 年，Zeidabadi[67] 等使用 Tikhonov 正则化方法求解了特定的二维 Burgers 方程 Cauchy 反问题。2022 年，Apraiz[68-69] 等讨论并总结了一维 Burgers 方程及相关非线性系统的反问题，致力于通过边界分布确定解的内部结构。虽然已有工作在小雷诺数下研究了 Burgers 方程的 Cauchy 反问题，但是在大雷诺数下并未开展相关研究。本书基于 Cole-Hopf 变换法，将 Burgers 方程 Cauchy 反问题转化为第一类 Fredholm 积分方程的形式，开展相变机理的研究。

1.2.2 第一类 Fredholm 积分方程

自 1903 年 Fredholm[70] 提出积分方程以来，经过一百多年的发展，Fredholm 积分方程已经成为数学最重要的分支之一，具有较为完善的体系。按属性进行划分，积分方程可分为第一类 Fredholm 积分方程和第二类 Fredholm 积分方程。虽然第二类方程不易获得其解析解，但是已有数值方法可确保其数值解的稳定性和精确性。相对第二类方程而言，第一类方程通常没有解，即使有解也不唯一，故至今仍未建立完备的理论体系。特别地，它还是反问题领域中的一个典型不适定问题[71]，很难找到一种稳定且精确的数值方法。

为便于叙述，本书将第一类 Fredholm 积分方程简称为 Fredholm 方程或积分方程。在一般的 Hilbert 空间中，Fredholm 方程可表示为

$$\int_E h(x, t)f(t)\mathrm{d}t = g(x), \quad x \in D, \tag{1.3}$$

其中自由项 $g(x)$ 和积分核 $h(x, t)$ 分别为 D 和 $D \times E$ 上的平方可积函数。通常，解空间 H 为平方可积空间 $L^2(E)$ 或再生核 Hilbert 空间[72]（reproducing kernel hilbert space，RKHS）H_Q。

假设 L 是 $H \to L^2(D)$ 的积分算子，定义如下：

$$(Lf)(x) := \langle f, h_x \rangle_H = \int_E h(x, t)f(t)\mathrm{d}t, \quad x \in D. \tag{1.4}$$

记 $D(L)$ 和 $R(L)$ 分别为 L 的定义域和值域。记 $N(L)$ 是算子 L 的零空间，由 L 是一个积分算子（紧算子）可知，$N(L)$ 是 H 的一个闭子空间。基于这些记号，可定义方程（1.3）式的最小范数解。

定义 1.1 假设 $g(x) \in L^2(D)$，称函数 $f(t) \in H$ 为方程（1.3）式的最小二乘解，若

$$\| Lf - g \|_{L^2(D)} = \inf\{ \| Lv - g \|_{L^2(D)} : v \in H\},$$

称函数 $u \in H$ 为最小范数解，记为 $f^\dagger$。若 $\| u \|_H = \inf_{f\in S} \| f \|_H$，$S$ 表示所有最小二乘解的集合。称线性算子 $L^\dagger$ 为 L 的 Moore-Penrose 广义逆算子，若 $L^\dagger g = f^\dagger$，记 $D(L^\dagger)$ 表示 $L^\dagger$ 的定义域，则

$$D(L^\dagger) = R(L) \oplus R(L)^\perp,$$

其中 $R(L)^\perp$ 表示值域，在 $R(L)$ 中的正交补空间，故 $D(L^\dagger)$ 是 Y 中的稠密子空间。对 $\forall g(x) \in D(L^\dagger)$，可知 $S = \{f \in H: Lf = P_{\overline{R(L)}}g\}$，其中 $P_{\overline{R(L)}}$ 表示 Y 到 $\overline{R(L)}$ 的正交投影。由于积分算子 L 是线性的，可知 S 是一个闭凸集，因此在 S 中存在唯一范数最小的元素，记为 f_0。对 $\forall f \in N(L)$，有 $\| f_0 \|_H \leqslant \| f_0 + f \|_H$，可知 $f_0 \in N(L)^\perp$。对 $\forall u \in S$ 有 $P_{N(L)^\perp} u = f_0$，故

$$L^\dagger g = L^\dagger P_{\overline{R(L)}} g = L^\dagger L f_0 = P_{N(L)^\perp} f_0 = f_0.$$

因此，解集 S 可表示为 $S = L^\dagger g \oplus N(L)$。

定义 1.2 若 $g \in R(L)$，称 Fredholm 方程（1.3）式是可解的；若 $P_{\overline{R(L)}} g \in R(L)$，称 Fredholm 方程是投影可解的。

对于可解的积分方程，定义 1.1 广义逆算子 L^+ 中的解集 S 由所有的解析解构成。对于投影可解的积分方程，解集 S 由所有的最小二乘解构成。特别地，若 $L^\dagger$ 为稠定闭算子，特解 $L^\dagger g$ 可能是无界的，将失去最小范数的本质含义，故需进行正则化处理。

通常，$R(L)$ 在 $L^2(D)$ 中是非闭子空间[73-74]（退化核方程除外），故 Fredholm 方程是一个不适定方程，需对其进行数值处理。目前，数值方法总结起来可分为两类：一类是以数学家 Phillips[75] 和 Tikhonov[76] 为代表的正则化方法（称为 Tikhonov 正则化方法）；另一类是基方法，即对解空间 H 进行正交分解，在其有限维子空间中求解一个矩阵方程得到有限维逼近解（称为有限维逼近方法），如奇异值分解、小波等方法。

1.2.3 正则化方法

正则化方法是 20 世纪 60 年代 Phillips 和 Tikhonov 为求解不适定问题而独立提出的方法。在 Fredholm 方程 $Lf=g$ 中，假定该方程都是投影可解的，即自由项 $g(x) \in D(L^\dagger)$。此时，对于自伴紧算子 L^*L 及正数 λ，算子 $L^*L+\lambda I_H$ 有严格正的特征值，故它是一个可逆的有界线性算子。因此，积分方程 $(L^*L+\lambda I_H)f_\lambda=L^*g$ 是一个适定方程，存在唯一解

$$f_\lambda=(L^*L+\lambda I_H)^{-1}L^*g. \tag{1.5}$$

在 Tikhonov 正则化方法中，f_λ 被称为 $L^\dagger g$ 的 Tikhonov 正则解，λ 被称为正则化参数，$(L^*L+\lambda I_H)^{-1}L^*$ 被称为正则化算子。

对于实际问题，很难获得自由项 $g(x)$ 的解析形式，通常采用 $g^\delta(x)$ 代替 $g(x)$，其中 $g^\delta(x)$ 为某一观测函数。此外，还需假设 $g^\delta(x) \in D(L^\dagger)$ 且 $\|g-g^\delta\|_Y \leqslant \delta$，其中 δ 为一个已知的误差水平。此时，用 g^δ 代替（1.5）式中的 g 可得

$$f^\delta_{\lambda(\delta)}=(L^*L+\lambda I_H)^{-1}L^*g^\delta. \tag{1.6}$$

事实上，正则解（1.6）式也可从变分角度进行解释，它是极小化泛函

$$F_\alpha(f)=\|Lf-g^\delta\|_Y^2+\lambda\|f\|_H^2$$

的极小点。此外，Groetsch[77] 还证明

$$\|f^\delta_{\lambda(\delta)}-L^\dagger g\|_H \leqslant \frac{\delta}{2\sqrt{\lambda(\delta)}}+\|f_{\lambda(\delta)}-L^\dagger g\|_Y, \tag{1.7}$$

并有结论：若 $\delta \to 0$，有 $\delta^2/\lambda(\delta) \to 0$ 和 $\lambda(\delta) \to 0$，则 $f^\delta_{\lambda(\delta)} \to L^\dagger g$。

在不等式（1.7）式中，第一部分误差 $\delta^2/2\sqrt{\lambda(\delta)}$ 由数据误差引起，刻画近似解 $f^{\delta}_{\lambda(\delta)}$ 的稳定性，要求 $\lambda(\delta)$ 尽可能取大。第二部分误差 $\| f_{\lambda(\delta)} - L^{\dagger}g \|_Y$ 由正则化方法引起，刻画近似解的精确性，要求 $\lambda(\delta)$ 尽量取小。因此，平衡两个上界[78-82]需要一个恰当的正则化参数 $\lambda(\delta)$，合理确定它是 Tikhonov 正则化方法的关键。

对于正则化方法，人们都在围绕如何选取正则化参数问题开展研究。2010 年，Rajan[81]在 Hilbert 空间中基于偏差原理提出了一种后验参数选择策略。2012 年，Luo 等[83]针对多尺度方法，提出了一种改进的后验参数选择策略，该策略可获得最优的收敛速度。2018 年，Luo 等[84]还提出了具有压缩技术的快速多尺度 Galerkin 方法，改进的后验参数选择策略也可获得最优的收敛速度。2022 年，Zhang 等[85]提出了一种新的启发式参数选择策略，可使数值解达到最优收敛速度。

1.2.4　有限维逼近方法

有限维逼近方法是另一类经典求解方法，其中奇异值分解方法[86-88]最为重要。根据 Schmidt 理论[89]，积分算子 L 是一个无穷秩算子，存在一个奇异系统 $\{v_j, u_j; \mu_j\}_{j=1}^{\infty}$，其中 $\{v_j\}_{j=1}^{\infty}$ 是 $N(L)^{\perp}$ 的完备正交基，即 $N(L)^{\perp} = \overline{\text{span}\{v_j\}_{j=1}^{\infty}}$。

法国数学家 Picard[89]通过奇异系统获得了 Fredholm 方程有解的充要条件（此条件常被称为 Picard 准则，将在第 5 章中做进一步研究）。对于可解的 Fredholm 方程，有解的充要条件[82]是 $\sum_{j=1}^{\infty}\mu_j^{-2}\,|\langle g, u_j\rangle_Y|^2 < \infty$。特别地，最小范数解 $L^{\dagger}g$ 可表示为

$$L^{\dagger}g = \sum_{j=1}^{\infty}\frac{\langle g, u_j\rangle_Y}{\mu_j}v_j. \tag{1.8}$$

此时，可对解（1.8）式进行截断得到有限维逼近形式

$$(L^{\dagger}g)_N = \sum_{j=1}^{N}\frac{\langle g, u_j\rangle_Y}{\mu_j}v_j, \tag{1.9}$$

其中最小特征值 u_N 可当作正则化参数，（1.9）式为一类有限维逼近解。

1986 年，Vogel[91]针对误差数据，基于交叉验证提出了一种最优截断选择策略。2016 年，Neggal 等[92]在 $L^2(a, b)$ 中结合 Tikhonov 正则化方法，

提出了一种正则化参数和最优截断水平的选择策略。2020 年，Buccini 等[93]基于偏差原理及奇异值分解，提出了一种新的截断水平方法可获得高精度的近似解。2023 年，Patel[94]等提出多重 Galerkin 和多重配置方法，利用分段多项式基函数逼近 Fredholm 方程获得最优的截断水平。除奇异值分解方法外，小波方法也是一类重要的有限维逼近方法，其优点在于有丰富的基函数可选择，常见的有 CAS 小波[95]、勒让德小波[96-97]等。

1.3 H-Hk 结构与代理模型

在 2020 年，钱涛及曲伟等[98-99]学者在研究 Hardy 空间中的预正交自适应 Fourier 分解算法时，提出一种空间结构用于求解算子方程，此结构被称为 H-Hk 结构。因其蕴含一种基方法，自提出伊始便受到国内外研究人员的广泛关注，可用于求解算子方程的若干基本问题。此外，Saitoh 等[100-101]也研究过该结构，并将其用于解决图像识别[72]等问题。

1.3.1 H-Hk 结构

由于 H-Hk 结构蕴含一种等距同构，因此将其用于求解 Fredholm 方程时，对理解其值域空间 $R(L)$ 和零补空间 $N(L)^{\perp}$ 的内在结构特征是有帮助的。

基于解空间 $H[L^2(E)$ 或 RKHS$H_Q]$ 及 Fredholm 方程中积分核 $h(x, t)$，积分算子 L 可改写为如下形式：

$$L(f)(x) := \langle f, h_x \rangle_H, \tag{1.10}$$

其中 $h_x(t) := h(x, t)$。此时，在 $R(L)$ 中赋予恰当的范数（不同于 $Y = L^2(D)$ 中的范数）可使其成为一个 RKHSH_k，其中 k 表示再生核，定义如下：

$$k(x, y) := \langle h_x, h_y \rangle_H。 \tag{1.11}$$

假设 Fredholm 方程中的自由项 $g = Lf$，$f \in H$，可定义新的拓扑

$$\| g \|_{H_k} := \| P_{N(L)^{\perp}} f \|_H, \tag{1.12}$$

其中 $P_{N(L)^{\perp}}$ 表示 H 到 $N(L)^{\perp}$ 的正交投影算子。

下面将进一步阐述 $R(L)$ 和 $N(L)$ 的空间属性。

值域空间 $R(L)$ 是一个再生核空间。根据（1.10）式、（1.11）式及（1.12）式可知，对 $\forall x, y \in D$，可得

$$k_x(y) = k(x, y) = \langle h_x, h_y \rangle_H = L(h_x)(y).$$

对 $\forall g(x) \in R(L)$，可知

$$\langle g, k_x \rangle_{H_k} = \langle Lf, L(h_x) \rangle_{H_k} = \langle P_{N(L)^\perp} f, P_{N(L)^\perp} h_x \rangle_H = L(f)(x) = g(x),$$

故（1.11）式定义的二元函数 $k(x, y)$ 是一个再生核。

因此，在值域空间 $R(L)$ 中赋予新的拓扑（1.12）式后，可使其变成一个 RKHSH_k，其内积和范数分别为 $\langle g_1, g_2 \rangle_{H_k} = \langle P_{N(L)^\perp} f_1, P_{N(L)^\perp} f_2 \rangle_H$ 和 $\| g_1 \|_{H_k} = \| P_{N(L)^\perp} f_1 \|_H$，其中 $g_1 = Lf_1$，$g_2 = Lf_2$。此外，零空间 $N(L)$ 是解空间 H 的一个闭子空间。对 $\forall f_n, f \in H$ 满足 $f_n \to f$ 及 $f_n \in N(L)$ 时，由

$$| Lf(x) | = | \langle f - f_n, h_x \rangle_H | \leq \| f - f_n \|_H \| h_x \|_H \to 0,$$

可知 $f \in N(L)$。此时，解空间 H 存在正交分解 $H = N(L) \oplus N(L)^\perp$.

对于 $\forall f \in N(L)$，$L(f)(x) = \langle f, h_x \rangle_H = 0$，可得 $h_x(t) \in N(L)^\perp$。H-Hk 结构已将求解 Fredholm 积分方程的问题变成一个数学意义下的适定问题。

此外，该结构对明确值域空间和零补空间的结构是有帮助的。但是它还不能处理数据信息，还需基于数据的代理模型构造 Fredholm 积分方程的近似方程，才能进行数值求解。理论上，H-Hk 结构已将 Fredholm 方程变为一个数学意义下的适定方程。如果自由项 g 没有误差并存在解析表达，则可用 H-Hk 结构确定其解析解。然而，对于实际问题，既不能保证 g 存在解析表达，也不能保证 Fredholm 积分可解，因此其不适定性仍然存在，故还需考虑数值求解问题。

1.3.2 代理模型

代理模型作为一种综合建模技术，主要包含两个方面的内容：一是试验设计，二是预测模型，其中预测模型为代理模型的主体部分。

常见的试验设计方法有拉丁方设计[102]、正交设计[103]及均匀设计[104]等。Fredholm 方程的插值节点选取问题，引起了人们的极大关注。如 Mohammadi[105]等提出的冗余点（redundant points）概念，其能剔除试验设计中线性相关的多余设计点，使得新试验设计能确保其核矩阵可逆。Wahba[106]在区间 [0, 1] 上一个特殊的 RKHS 中提出配置投影法获得一组

渐进最优设计用于求解 Fredholm 方程。Liu[107]对 Fredholm 方程离散化为矩阵方程后，通过最大化矩阵的最小奇异值获得一类较为稳定的离散化方法。综上所述，对于 Fredholm 方程，目前还没有一种有效易操作的试验设计选点策略既能保证数值解的稳定性又能保证精确性。

常见的预测模型包括响应曲面[108]、径向基函数[109]、Kriging 插值、线性回归[112-113]及高斯过程回归（Gaussian process regression，GPR）等，其中 Kriging 和 GPR 是较为经典的预测模型，能提供基于数据的预测均值和预测方差，如图 1.4 所示。左图：在无误差数据下，对 7 个插值数据进行 Kriging 插值拟合，实线表示 Kriging 的预测均值，阴影部分表示相应的预测方差。右图：在误差数据下，对 20 个数据进行回归，实线表示 GPR 的预测均值，阴影部分表示相应的预测方差。目前，这两类预测模型还未用于求解 Fredholm 方程。

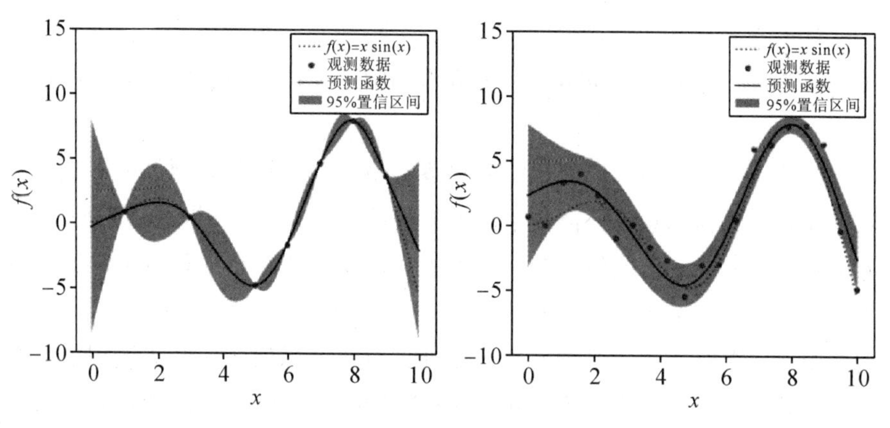

图 1.4　目标函数 $f(x) = x\sin(x)$ 的预测分析及其不确定性

Kriging 插值方法是基于无误差数据的最优线性无偏的预测模型。最原始的 Kriging 方法源于南非金矿工程师 Krige[114]的工作，后来法国数学家 Matheron[115]将其命名为 Kriging 模型。通常，原始的 Kriging 模型被称为 Ordinary Kriging，后来也出现一些改进模型，如 Universal Kriging、Co-Kriging、Disjunctive Kriging 及 Bayesian Kriging 等。经过多年的发展，Kriging 代理模型可总结为一种基于受先验协方差函数支配的插值方法，其在预测点处提供预测均值（最优线性无偏估计）及预测方差，是不确定性量化[116-120]领域中最经典的方法。特别地，UQLab[121]等工具箱让 Kriging 模型在地质科学[122-123]、环境科学[124]、大气科学[125]及医学[125]等领域都有广泛的应用。

高斯过程回归是基于误差数据的回归代理模型，是不确定性量化领域的研究热点，是近年来发展起来的一种机器学习回归方法，是噪声数据需服从高斯过程（Gaussian process，GP）先验的非参数模型（non-parameteric model），具有处理小样本、非线性、泛化能力强、易实现等优点。特别地，GPM[127] 和 GPyTorch [128]等工具箱的出现，在机器学习[129-131]、工程[132-134]及不确定性量化[135-137]等领域有重要的应用。虽然GPR模型在工程和机器学习等领域有广泛的应用，但是它（包括 Kriging 模型）仍然具有一定的局限性，如计算复杂度为 $O(n^3)$（主要体现在协方差矩阵求逆上）[138]、维数灾难[139]、受核函数[140]影响较大等问题。

由于 Kriging 插值代理模型和高斯过程回归代理模型都蕴含一个核函数（协方差函数），H-Hk 结构中的值域空间也蕴含一个核函数（再生核函数），因此核函数是建立空间结构与代理模型之间的纽带。若将 H-Hk 结构中的值域空间当作两种代理模型的设计空间，则基于观测数据，可获得 Fredholm 方程中自由项的预测模型，进而获得 Fredholm 方程的代理方程。

1.4 关键问题

综上所述，探讨 Burgers 方程的相变问题可转化为研究 Burgers 方程 Cauchy 反问题的可解性及其解的不确定性估计问题，再通过 Cole-Hopf 变换，可将其归结为研究 Fredholm 方程的可解性及其解的不确定性估计问题。虽然 Fredholm 方程已存在若干的数值解法，但还未发现有解法对值域空间、零补空间及积分核之间的空间结构进行研究，因而也不会发现 Fredholm 方程用自身属性就可进行求解。其求解过程概括起来，主要聚焦于探索如下 5 个关键问题：

（1）聚焦于 Fredholm 方程的解析解。

由于 Fredholm 方程具有严重的不适定性，所以人们关注的焦点是如何获得其稳定的数值解，却忽略了方程的本原问题是寻找其解析解。若能获得 Fredholm 方程的解析解，通过 Cole-Hopf 变换，也能获得 Burgers 方程 Cauchy 反问题的解析解，这对后续研究 Burgers 方程的相变机理有帮助。

（2）聚焦于 Fredholm 方程的插值解。

基于关键问题 1，假设在已获得多种形式的算子型最小范数解析解的前提下，考虑到可能会遇到再生核演算困难的问题。基于此考虑，需探索使用插值方法解决再生核计算的问题。这类插值解除了能计算最小范数解析解中的再生核外，还能量化插值数据给 Fredholm 方程的数值解带来的不确定性。

（3）聚焦于 Fredholm 方程的正则解。

基于关键问题 2，假设在已获得多种形式的最小范数插值解的前提下，考虑到插值数据或观测数据可能带有误差，插值解可能不再收敛。基于此考虑，需探索 Fredholm 方程的正则解。这类正则解除了能求解误差数据下的 Fredholm 方程外，还能量化误差数据对 Fredholm 方程带来的不确定性。

（4）聚焦于 Fredholm 方程的有限维逼近解。

基于关键问题 3，假设在已获得多种形式的最小范数正则解的前提下，考虑到丰富基函数选取问题，有必要探索有限维逼近正则解。对于对称核 Fredholm 方程，若已知对称核的奇异值分解，Picard 定理可给出一类级数型最小范数解析解。以此定理为基础，可从两个方面发展此定理：一是将奇异值分解中的特征函数推广到一般的正交基函数；二是将对称核推广到可积积分核的同时再将正交基函数推广到一般的非正交基函数。最终得到的有限维逼近正则解理论上可求解任何 Fredholm 方程。

（5）聚焦于求解 Burgers 方程 Cauchy 反问题。

基于对 Fredholm 方程的解可能存在的情形进行研究，通过 Cole-Hopf 变换，可进一步对 Burgers 方程 Cauchy 反问题的求解方法进行讨论，这是顺利开展 Burgers 方程相变机理研究的基础和先决条件。

1.5 结构安排与创新点

本书围绕上述关键问题展开写作，其框架结构和研究路线分别如图 1.5 和 1.6 所示，主要工作如表 1.1（第 17 页）所示。

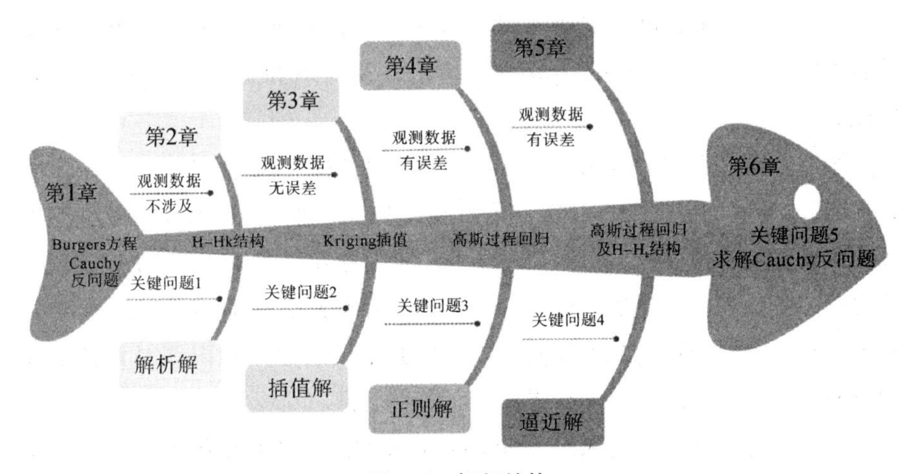

图 1.5　框架结构

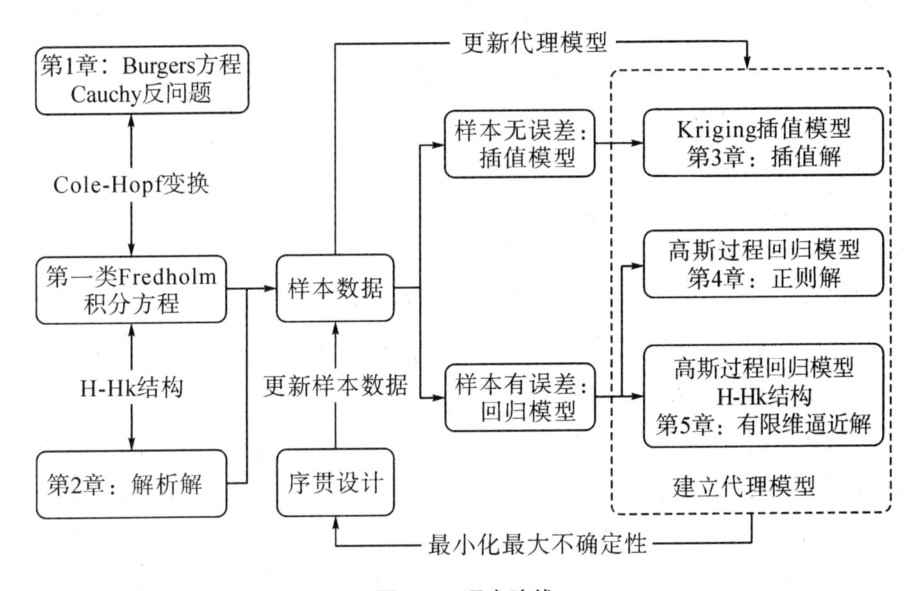

图 1.6　研究路线

1.5.1　结构安排

本书共分为七章，每章的主要内容如下：

第 1 章为绪论。本章主要介绍耗散结构 Burgers 方程和 Fredholm 方程的关系及国内外研究现状，并对全书内容进行概要描述。

第 2 章的主要内容是求解 Fredholm 方程的最小范数解析解。基于

H-Hk 结构，在平方可积空间 $L^2(E)$ 和 RKHSH_Q 中分别研究了可解方程和投影可解方程的算子型最小范数解析解，并对获得的结果进行了算例验证。

第 3 章的主要内容是求解 Fredholm 方程的最小范数插值解。首先，回顾 Kriging 插值代理模型；其次，基于该代理模型给出多种形式的最小范数插值解及相应不确定性，以解决第 2 章中可能存在的再生核演算困难问题，并讨论了其收敛性；再次，提出一种基于最小化最大不确定性的最优插值选择策略，并证明退化核方程必能在 m（退化核项数）步内获得其最小范数解析解。最后，对获得的结果进行了算例验证。

第 4 章的主要内容是求解 Fredholm 方程的最小范数正则解。首先，介绍 Tikhonov 正则化方法及 GPR 代理模型；其次，基于该代理模型给出最小范数正则解及相应不确定性，并讨论其收敛性问题和正则化参数选择问题；再次，证明值域空间 $R(L)$ 及其闭包空间 $\overline{R(L)}$ 的差空间中严格嵌入无穷个稠密的 RKHS，只要自由项位于此空间，积分方程将不可解；最后，对获得的结果进行了算例验证。

第 5 章的主要内容是求解 Fredholm 方程的有限维逼近正则解。首先，回顾对称核方程的 Picard 定理；其次，基于 H-Hk 结构获得级数型最小范数解析解，并证明 Picard 定理获得的最小范数解析解是该级数解的特殊情况；最后，基于 GPR 代理模型获得一类有限维逼近正则解，并将 Picard 定理中的正交基函数推广到非正交基函数。

第 6 章的主要内容是求解 Burgers 方程 Cauchy 反问题的数值解。首先，介绍了耗散系统 Burgers 方程及 Cole-Hopf 变换，并就该变换如何将 Burgers 方程变为一个第一类 Fredholm 方程作了具体推导；其次，分析了 Fredholm 积分方程的可解性问题，并再次通过 Cole-Hopf 变换得到了 Burgers 方程 Cauchy 反问题的闭形式数值解；最后，对 Wood 给出的经典 Burgers 方程算例进行分析，对转捩点相变机理进行解释。

第 7 章对全书进行总结，还对下一步的研究进行展望。该章总结了全书的主要成果（表 1.1），并对 Fredholm 方程及 Burgers 方程 Cauchy 反问题需要进一步研究的问题进行了展望。

表 1.1　主要成果

论文章节	索引	可解性	主要结果
第 2 章：解析解	定理 2.1	可解方程	$f^{\dagger}(t) = \langle g, h_t^* \rangle_{H_k} \in L^2(E)$
	定理 2.2	投影可解	$f^{\dagger}(t) = \langle L^* g, L^* LQ_t \rangle_{H_{k_U}} \in H_Q$
	定理 2.3	投影可解	$f^{\dagger}(t) = \langle L^* g, L^* h_t^* \rangle_{H_{k_U}} \in L^2(E)$
第 3 章：插值解	定理 3.1	可解方程	$\bar{f}_n^{\dagger}(t) = \boldsymbol{H}_{tX}^T \boldsymbol{K}_{XX}^{\dagger} \boldsymbol{Y} \in L^2(E)$
		不确定性	$V[\bar{f}_n^{\dagger}(t)] = \langle h_t^*, h_t^* \rangle_{H_k} - \boldsymbol{H}_{tX}^T \boldsymbol{K}_{XX}^{\dagger} \boldsymbol{H}_{tX}$
		可解方程	$\bar{f}_n^{\dagger}(t) = \boldsymbol{\eta}_{tX}^T \boldsymbol{K}_{XX}^{\dagger} \boldsymbol{Y} \in H_Q$
		不确定性	$V[\bar{f}_n^{\dagger}(t)] = \langle \eta_t^*, \eta_t^* \rangle_{H_k} - \boldsymbol{\eta}_{tX}^T \boldsymbol{K}_{XX}^{\dagger} \boldsymbol{\eta}_{tX}$
	定理 3.3	不可解	$\lim\limits_{h_{X_n} \to 0} \Vert \bar{f}_n^{\dagger} \Vert_H = +\infty$
	推论 3.1	退化可解	$\bar{f}_n^{\dagger}(t) = \boldsymbol{B}_m^T(t) \boldsymbol{A}^{\dagger} \boldsymbol{A} \boldsymbol{B}^{-1} \boldsymbol{A}^{\dagger} \boldsymbol{Y}$
第 4 章：正则解	定理 4.1	可解方程	$\bar{f}_n^{\dagger}(t) = \boldsymbol{H}_{tX}^T \boldsymbol{K}_{\sigma}^{-1} \boldsymbol{Y} \in L^2(E)$
		不确定性	$V[\bar{f}_n^{\dagger}(t)] = \langle h_t^*, h_t^* \rangle_{H_k} - \boldsymbol{H}_{tX}^T \boldsymbol{K}_{\sigma}^{-1} \boldsymbol{H}_{tX}$
		可解方程	$\bar{f}_n^{\dagger}(t) = \boldsymbol{\eta}_{tX}^T \boldsymbol{K}_{\sigma}^{-1} \boldsymbol{Y} \in H_Q$
		不确定性	$V[\bar{f}_n^{\dagger}(t)] = \langle h_t^*, h_t^* \rangle_{H_k} - \boldsymbol{H}_{tX}^T \boldsymbol{K}_{\sigma}^{-1} \boldsymbol{H}_{tX}$
	定理 4.3	不可解	$\lim\limits_{n \to \infty} \lim\limits_{\sigma \to 0} \Vert \bar{f}_n^{\dagger}(t) \Vert_H = +\infty$
	定理 4.4	不可解	$\overline{R(L)} \setminus R(L) = \bar{\cup} H_k^{\theta},\ 0 < \theta < 1$
第 5 章：逼近解	定理 5.1	可解方程	$L^{\dagger}(g(x)) = \sum \langle g(x), \langle b_i, h_x \rangle_H \rangle_{H_k} b_i$
	推论 5.1	可解方程	推广 Schmidt-Picard 定理到一般情况
	定理 5.2	可解方程	$\bar{f}_{m,n}^{\dagger}(t) = \boldsymbol{B}_m^T(t) \boldsymbol{A}^{\dagger} \boldsymbol{A} \boldsymbol{B}^{-1} \boldsymbol{C} \boldsymbol{K}_{\sigma}^{-1} \boldsymbol{Y}$

1.5.2　主要创新点

（1）基于 H-Hk 结构，本书提出一种算子型解析求解方法，并获得一类 Fredholm 方程的解析解。本书建立并证明了 $R(L)$ 与 $N(L)^{\perp}$ 的等距同构关系，通过 $h(x, t)$ 明确了它们的空间结构，为 Fredholm 方程是否可解提供判据。基于 H-Hk 结构，本书系统分析了 Fredholm 方程的解可能存在的情形，并相应地给出了算子型最小范数解析解，在平方可积空间中的最小范数解析解是最具普适性的。本书也采用 Cole-Hopf 变换法，获得了 Burgers 方程 Cauchy 反问题的解析解。

（2）基于 Kriging 插值代理模型，本书提出了 Fredholm 方程的具有自适应序贯选点策略的插值求解方法，获得了相对均匀选点策略更具精确性和稳定性的插值解。借助 Kriging 插值模型，本书获得了多种形式的最小范数插值解及其不确定性。通过最小化最大的不确定性，本书提出了最优的自适应序贯选点策略，相对均匀设计策略，插值解具有更快的收敛速度。特别地，通过该策略还证明退化核方程必能在 m（退化核项数）步内获得其最小范数解析解。采用 Cole-Hopf 变换法，也获得了 Burgers 方程 Cauchy 反问题的插值解。

（3）基于高斯过程回归代理模型，本书提出了 Fredholm 方程的可量化不确定性的正则化方法，将 Tikhonov 正则化方法推广到误差水平未知的情形，获得了形式一致的正则解。借助 GPR 模型，本书获得了多种形式的最小范数正则解及其不确定性，并从概率角度证明了其收敛性。基于 H-Hk 结构与 GPR 模型，本书还证明 Fredholm 方程的差空间 $\overline{R(L)} \setminus R(L)$ 中严格嵌入了无穷个稠密的 RKHS，只要自由项位于此差空间，Fredholm 方程就必定不可解。通过 Cole-Hopf 变换，该差空间表征了 Burgers 方程的相变阈值界限是转捩点发生突变的根本原因。

（4）基于 H-Hk 结构与高斯过程回归代理模型，本书提出了 Fredholm 方程的有限维逼近方法，将经典的 Picard 定理推广到一般的 Fredholm 方程。借助 H-Hk 结构，本书将经典的 Picard 定理推广到一般的 Fredholm 方程，并获得任意正交基下的级数型最小范数解析解。本书通过高斯过程回归模型探讨了 Fredholm 方程的有限维逼近正则解，将 Picard 定理中的正交基函数推广到非正交完备的基函数，并证明有限维逼近解将收敛于最小范数解。

2 基于 H-Hk 结构的算子型最小范数解析解

在风洞数值模拟中，周长海[141]通过修正方法获得泊桑方程的积分形式的解析解，该解可被用于计算低速风洞洞壁引起的干扰速度问题，避免了求解复杂的 Navier-Stokes 方程，并能较为精确地计算出气流分离模型的洞壁干扰。此后，人们通过求解第一类 Fredholm 积分方程

$$\int_E h(x, t)f(t)\mathrm{d}t = g(x), \quad x \in D, \tag{2.1}$$

的解析解，对风洞洞壁的干扰速度等问题开展研究。Nashed[73]在再生核 Hilbert 空间中，应用算子的广义逆获得了一种算子型最小范数解析解。邓中兴[142]在特定的解空间 $W_2^1[a, b]$，利用其再生性构造出级数型解析解。Rasekh[143]应用同伦正则化法也获得一种级数型解析解。

然而，Fredholm 方程（2.1）式是一个非常典型的不适定方程，难以获得其普适性的解析解。但是探索解析解的意义不仅在回答 Fredholm 方程的本原问题，也在解决 Burgers 方程 Cauchy 反问题的本原问题，所以研究解析解的求解方法是非常重要的，特别是最小范数解析解。本章借助 H-Hk结构，可明确 $R(L)$ 与 $N(L)^{\perp}$ 的等距同构关系，再根据 H_k 中的再生性对自由项 $g(x)$ 进行表示，利用同构关系可获得算子型最小范数解析解。

2.1 退化核方程的解析解

称 Fredholm 方程（2.1）式中的积分核 $h(x, t)$ 为退化核，如果

$$h(x, t) = \sum_{i=1}^{m} a_i(x)b_i(t). \tag{2.2}$$

此时，Fredholm 方程被称为退化核方程，m 被称为退化核项数。

假设（2.2）式中的 $\{b_i(t)\}_{i=1}^m$ 是线性无关的。将（2.2）式代入方程（2.1）式，若其可解，则自由项 $g(x)$ 具有如下形式：

$$g(x)=\sum_{i=1}^{m}c_i a_i(x), \tag{2.3}$$

其中 $c_i=\int_E b_i(t)f(t)\mathrm{d}t$。若 $g(x)$ 不满足上式，则方程（2.1）式必定无解析解。

例 2.1 求解如下退化核方程[144]

$$\int_0^1 (x+t)f(t)\mathrm{d}t=g(x). \tag{2.4}$$

若方程（2.4）式是可解的，则自由项 $g(x)$ 需具有如下形式

$$g(x)=ax+b.$$

假设 $g(x)=x$，则可设方程（2.4）式有如下形式的解

$$f_1(t)=lt+m,$$

$$f_2(t)=pt^2+q,$$

代入方程（2.4）式，可得

$$l=p=-6,\ m=4,\ q=3.$$

若 $f_3(t)$ 是一个与 $f_1(t)$ 和 $f_2(t)$ 线性无关的解，且在 $[0,1]$ 内与 1，t 正交，即

$$\int_0^1 f_3(t)\mathrm{d}t=0,\ \int_0^1 tf_3(t)\mathrm{d}t=0$$

则对任意不全为零的实数 k_1，k_2，k_3，有

$$k_1f_1(t)+k_2f_2(t)+k_3f_3(t)$$

也是方程（2.4）式的解。但上式并不是方程（2.4）式的全部解析解，故还不能求出其最小范数解析解。

通过对例 2.1 进行总结，可知退化核方程（2.1）式总存在形如

$$f(t)=\sum_{i=1}^{m}l_i b_i(t), \tag{2.7}$$

的解析解，其中 l_i，$1\leqslant i\leqslant m$ 为待定常数。当自由项 $g(x)$ 具有（2.3）式的结构时，将（2.7）式代入方程（2.1）式可得

$$\sum_{i=1}^{m}a_i(x)\sum_{k=1}^{m}l_k\int_E b_i(t)b_k(t)\mathrm{d}t=\sum_{i=1}^{m}c_i a_i(x). \tag{2.8}$$

虽然 $\{a_i(x)\}_{i=1}^m$ 可能是线性无关的，但是上式有一组特解

$$\sum_{k=1}^{m} b_{ik} l_k = c_i, \quad i = 1, 2, \cdots, m, \tag{2.9}$$

其中 $b_{ik} = \int_E b_i(t) b_k(t) \mathrm{d}t$。

由 $\{b_i(t)\}_{i=1}^{m}$ 是线性无关的，可知 $|(b_{ik})_{mm}| \neq 0$，从而矩阵方程（2.9）式可解出 l_k，$1 \leqslant k \leqslant m$，将其代入（2.7）式必可获得方程（2.1）式的一个解析解。需要说明的是，该解未必是积分方程（2.1）式的最小范数解。

2.2 可解 Fredholm 方程的算子型最小范数解析解

对于可解的退化核方程，满足（2.8）式的解并不唯一，但可肯定的是在 $L^2(E)$ 中存在形如（2.7）式的解析解。事实上，本书的推论 3.1 和推论 3.2 将会证明，退化核方程（2.1）式的最小范数解析解也具有（2.7）式的结构。

此外，当方程（2.1）式为非退化核方程时，根据 H-Hk 结构可知其最小范数解 $f^{\dagger} \in N(L)^{\perp}$ 也具有（2.7）式的极限形式，本章将其称为 Fredholm 积分方程的算子型最小范数解析解。

基于 H-Hk 结构，本节建立并证明了 $R(L)$ 和 $N(L)^{\perp}$ 之间的等距同构关系，将探索最小范数解的问题同构到 $R(L)$ 中，以便于本书在 $R(L)$ 中建立代理模型。

引理 2.1 $N(L)^{\perp} = \overline{\mathrm{span}\{h_x \mid x \in D\}}$.

证明：对于 $\forall f \in N(L)$，有 $\langle f, h_x \rangle_H = L(f)(x) = 0$，可知 $h_x \in N(L)^{\perp}$，进一步可得

$$\overline{\mathrm{span}\{h_x \mid x \in D\}} \subset N(L)^{\perp}.$$

于 $\forall f \in \mathrm{span}\{h_x \mid x \in D\}^{\perp}$，可知 $L(f)(x) = \langle f, h_x \rangle_H = 0$，即 $f \in N(L)$，因此

$$\mathrm{span}\{h_x \mid x \in D\}^{\perp} \subset N(L),$$

进一步可得 $N(L)^{\perp} \subset \overline{\mathrm{span}\{h_x \mid x \in D\}}$，所以根据（2.10）式和（2.11）式，结论得证。□

在解空间 $H = L^2(E)$ 中，根据 H-Hk 结构，引理 2.1 对 $N(L)^{\perp}$ 的特征

进行刻画，明确其最小范数解$f^{\dagger}$可由积分核$h_x(t)$表示。事实上，通过该结构也能对解空间$H=H_Q$中的$N(L)^{\perp}$进行刻画，进而对最小范数解$f^{\dagger}$进行表示。在解空间$H=H_Q$中定义连续线性泛函

$$E_x f := (Lf)(x), \quad x \in D. \tag{2.12}$$

根据 Riesz 表示定理，存在元素$\eta_x \in H_Q$，$x \in D$使得

$$(Lf)(x) = \langle \eta_x, f \rangle_Q, \quad x \in D, \quad f \in H_Q. \tag{2.13}$$

根据H_Q的再生性可知$\langle f, Q_s \rangle = f(s)$。进一步，$\eta_x$可表示为

$$\eta_x(s) = \langle \eta_x, Q_s \rangle = (LQ_s)(x). \tag{2.14}$$

注意到$(Lf)(x)=g(x)$，有

$$(Lf)(x) = \langle \eta_x, f \rangle_Q = g(x), \tag{2.15}$$

此时在$R(L)$中引入核函数

$$k(x, y) = \langle \eta_x, \eta_y \rangle_Q, \ x, y \in D, \tag{2.16}$$

可使其变成 RKHSH_k。

总之，为使 Fredholm 方程的值域空间$R(L)$变成一个 RKHSH_k，其再生核可定义为

$$k(x, y) = \begin{cases} \int_E \int_E h_x(t) h_y(s) Q(s, t) \mathrm{d}s\mathrm{d}t, & H = H_Q, \\ \int_E h_x(t) h_y(t) \mathrm{d}t, & H = L^2(E), \end{cases} \tag{2.17}$$

内积为

$$\langle g_1, g_2 \rangle_{H_k} = \langle P_{N(L)^{\perp}} f_1, P_{N(L)^{\perp}} f_2 \rangle_H. \tag{2.18}$$

基于 H-Hk 结构，可得到如下等价关系

$$N(L)^{\perp} \sim H_k, \tag{2.19}$$

$$h_{x'}(t), \ \eta_{x'}(t) \sim k_{x'}(x), \tag{2.20}$$

$$P_{N(L)^{\perp}} f(t) \sim g(x), \tag{2.21}$$

$$P_{N(L)^{\perp}} Q_{t'}(t) \sim \eta_{t'}^{*}(x), \tag{2.22}$$

其中$a \sim b$表示$La=b$及$a \in N(L)^{\perp}$.

本节将在积分方程（2.1）式是投影可解的前提下，即$g(x) \in D(L^{\dagger})$，分别讨论该方程在解空间$H=H_Q$和$H=L^2(E)$中的最小范数解析解。需要强调的是本节中的值域空间$R(L) \subseteq L^2(D)$，即投影可解问题是在$L^2(D)$内开展研究的。

当自由项$g(x) \in R(L) = H_k$时，Fredholm 方程是可解的。对此 Nashed[73]

给出如下形式的最小范数解析解。

引理 2.2 假设 $H = H_Q$，对于可解方程，有

$$f^{\dagger}(t) = \langle \eta_t^*, g \rangle_{H_k}, \quad t \in E. \tag{2.23}$$

附注 2.1 解（2.23）式是 $f^{\dagger}$ 的一种算子形式，根据 H-Hk 结构，可证明它还是最小范数解。对于 $g(x) \in D(L^{\dagger}) = R(L) \oplus R(L)^{\perp}$ $(\perp \in L^2(D))$，本书也可呈现出类似的最小范数解，并证明（2.23）式是定理 2.2 的特殊情况。

除非积分方程是退化核方程，积分算子 L 的广义逆算子 $L^{\dagger}$ 是定义在 $D(L^{\dagger})$ 上的无界线性算子［基于 $L^2(D)$ 的拓扑］。然而，基于 H_k 中的拓扑，可使 $L^{\dagger}$：$H_k \to L^2(E)$ 变成有界线性算子，如引理 2.3 所述。

引理 2.3 假设 $H = L^2(E)$ 和 $R(L) = H_k$，则 $L^{\dagger}$ 是有界的。

证明： 对于任意非零的 $g \in R(L)$，假设 $Lf = g$，则

$$\| L^{\dagger} \| = \sup_{g \neq 0} \frac{\| L^{\dagger} g \|_{L^2(E)}}{\| g \|_{H_k}} = \sup_{g \neq 0} \frac{\| P_{N(L)^{\perp}} f \|_{L^2(E)}}{\| g \|_{H_k}} = \sup_{g \neq 0} \frac{\| P_{N(L)^{\perp}} f \|_{L^2(E)}}{\| P_{N(L)^{\perp}} f \|_{L^2(E)}} = 1.$$

因此，$L^{\dagger}$ 是从 $R(L)$ 到 $L^2(E)$ 的有界线性算子。□

附注 2.2 基于 H-Hk 结构，无论 Fredholm 方程的积分核 $h(x, t)$ 是否为退化核，其值域 $R(L)$ 始终是一个闭线性空间。此时，H-Hk 结构保证了 Fredholm 方程始终为一个适定方程。但是该适定方程的解并不稳定，即仅为数学意义下的适定性，所以即使在 H-Hk 结构下，Fredholm 方程的求解问题还需正则化方法才能保证其解的稳定性。

假设 K 是 $L^2(D)$ 上由再生核 $k(x, y)$ 诱导的积分算子，即

$$K(g)(x) := \int_D k(x, x')g(x')\mathrm{d}x', \quad \forall g(x) \in L^2(D),$$

及对于 $\forall g_1 \in H_k$ 和 $g_2 \in H_k$，假设存在 $\rho \in L^2(D)$ 使得 $g_2 = K\rho$，则

$$\langle g_1, g_2 \rangle_{H_k} = \langle g_1, \rho \rangle_{L^2(D)}. \tag{2.24}$$

此时，在 $H = L^2(E)$ 中，可获得积分方程的最小范数解析解，见定理 2.1。

定理 2.1 假设 $H = L^2(E)$ 及给定的 $g(x) \in R(L)$，则

$$f^{\dagger}(t) = \langle g, h_t^* \rangle_{H_k}, \quad t \in E. \tag{2.25}$$

证明： 假设 $g(x) \in H_k$。根据（2.24）式，则存在 $\rho \in L^2(D)$ 使得

$$\langle g, k_x \rangle_{H_k} = \langle \rho, k_x \rangle_{L^2(D)}. \tag{2.26}$$

因为 $\rho \in L^2(D)$ 是 Riemann 可积函数，则在 D 中存在一个剖分 $\Pi_n = \{\Delta x_1, \cdots, \Delta x_n\}$，使得

$$\int_D \rho(x') k_x(x') \mathrm{d}x' = \lim_{\Delta_n \to 0} \sum_{i=1}^{n} \rho(x_i) k_x(x_i) \Delta x_i, \tag{2.27}$$

其中，$x_i \in \Delta x_i$，Δ_n 表示剖分 Π_n 的最大直径。

根据引理 2.3，由（2.26）式和（2.27）式可知

$$\begin{aligned}
f^{\dagger}(t) = L^{\dagger} g(x) = L^{\dagger} \langle g, k_x \rangle_{H_k} &= L^{\dagger} \langle \rho, k_x \rangle_{L^2(D)} \\
&= L^{\dagger} \lim_{\Delta_n \to 0} \sum_{i=1}^{n} \rho(x_i) k_x(x_i) \Delta x_i \\
&= \lim_{\Delta_n \to 0} \sum_{i=1}^{n} \rho(x_i) L^{\dagger} k_x(x_i) \Delta x_i \\
&= \int_D \rho(x') L^{\dagger} k_x(x') \mathrm{d}x' \\
&= \langle \rho, L^{\dagger} k_x \rangle_{L^2(D)} \\
&= \langle g, L^{\dagger} k_x \rangle_{H_k}.
\end{aligned}$$

考虑到等价关系（2.20）式，有

$$(L^{\dagger} k_x)(t) = h_x(t) = h_t^*(x),$$

进一步可得

$$f^{\dagger}(t) = \langle g, h_t^* \rangle_{H_k}, \quad t \in E,$$

完成定理的证明。□

2.3 投影可解 Fredholm 方程的算子型最小范数解析解

本节也将在不同解空间中讨论投影可解方程（2.1）式的算子型最小范数解析解，即自由项 $g \in D(L^{\dagger})$。

2.3.1 再生核 Hilbert 空间

注意到最小范数解 $L^{\dagger} g$ 也是如下正规方程的解

$$L^* L f = L^* g. \tag{2.28}$$

记 $U := L^* L$ 和 $w := L^* g$，根据 H-Hk 结构，可知

$$H_{k_U} = R(U) = \{L^* L f \mid f \in H_Q\} \tag{2.29}$$

是一个 RKHS，其再生核

$$k_U(t, t') = \langle U Q_t, U Q_{t'} \rangle_{H_Q}. \tag{2.30}$$

除此之外，$\|w\|_{H_{k_U}}=\|P_{N(U)^{\perp}}f\|_{H_Q}$，进一步可得

$$\langle w_1, w_2\rangle_{H_{k_U}}=\langle P_{N(U)^{\perp}}f_1, P_{N(U)^{\perp}}f_2\rangle_{H_Q}, \tag{2.31}$$

其中 $w_1=Uf_1\in H_{k_U}$，$w_2=Uf_2\in H_{k_U}$.

为求解正规方程（2.28）式，还需证明 $w=L^*g\in H_{k_U}$，即引理 2.4.

引理 2.4 对于正规方程（2.28）式，有

$$w\in H_{k_U},\ g\in D(L^{\dagger}).$$

证明：假设 $w\in H_{k_U}$，则存在一个函数 $f\in H_Q$ 使得

$$Uf=w,\ L^*Lf=L^*g.$$

因此可得 $g-Lf\in N(L^*)=R(L)^{\perp}$，进一步有 $g\in D(L^{\dagger})$。

另一方面，假设 $g\in D(L^{\dagger})$，则存在一个函数 $f\in D(L)$ 使得 $g-Lf\in R(L)^{\perp}=N(L^*)$. 因此有 $L^*Lf=L^*g$，进一步可得 $w\in H_{k_U}$. □

定理 2.2 假设 $H=H_Q$，对于投影可解方程，有

$$f^{\dagger}(t)=\langle L^*g, L^*LQ_t\rangle_{H_{k_U}}. \tag{2.32}$$

特别地，若 $g\in R(L)$，则

$$\langle L^*g, L^*LQ_t\rangle_{H_{k_U}}=\langle \eta_t^*, g\rangle_{H_k}. \tag{2.33}$$

证明：根据 RKHSH_Q 的再生性可知 $f^{\dagger}(t)=\langle f^{\dagger}, Q_t\rangle_{H_Q}$. 根据（2.31）式和 $f^{\dagger}\in N(L)^{\perp}=N(U)^{\perp}$，可得

$$\langle f^{\dagger}, Q_t\rangle_{H_Q}=\langle L^*Lf^{\dagger}, L^*LQ_t\rangle_{H_{k_U}}.$$

由 $g-Lf^{\dagger}=g-P_{R(L)}g\in R(L)^{\perp}=N(L^*)$，可得 $L^*Lf^{\dagger}=L^*g$.

根据引理 2.2 及引理 2.4，可知

$$f^{\dagger}(t)=\langle L^*g, L^*LQ_t\rangle_{H_{k_U}}.$$

若 $g\in R(L)$，根据（2.22）式和（2.31）式，则

$$\langle L^*g, L^*LQ_t\rangle_{H_{k_U}}=\langle f^{\dagger}, P_{N(U)^{\perp}}Q_t\rangle_{H_Q}=\langle f^{\dagger}, P_{N(L)^{\perp}}Q_t\rangle_{H_Q}=\langle \eta_t^*, g\rangle_{H_k},$$

最后一个等式由（2.21）式和（2.22）式可得。□

根据（2.33）式可知，在解空间 $H=H_Q$ 中，本书已将引理 2.2 中可解方程的算子型最小范数解推广到一般的投影可解方程。

2.3.2 平方可积空间

定理 2.3 假设 $H=L^2(E)$ 及 $g(x)\in D(L^{\dagger})$，则

$$f^{\dagger}(t)=\langle L^*g, L^*h_t^*\rangle_{H_{k_U}},\ t\in E, \tag{2.34}$$

其中 $H_{k_U} = \{L^* Lf \mid f \in L^2(E)\}$ 拥有再生核 $k_U(t,t') = \langle L^* h_t^*, L^* h_{t'}^* \rangle_{L^2(D)}$.

$$k_U(t,\ t') = \langle L^* h_t^*,\ L^* h_{t'}^* \rangle_{L^2(E)}.$$

特别地，若 $g(x) \in H_k$，则

$$\langle L^* g,\ L^* h_t^* \rangle_{H_{k_U}} = \langle g,\ h_t^* \rangle_{H_k}. \tag{2.35}$$

证明： 假设 $g \in D(L^\dagger)$，注意到 $(L^* L)^\dagger L^* g \in L^2(E)$ 是方程（2.28）式的最小范数解。因为 $(L^* L)^\dagger L^* g = f^\dagger$，则 $f^\dagger$ 也是方程（2.28）式的最小范数解。

根据 H-Hk 结构，可知

$$R(U) = H_{k_U} = \{L^* Lf \mid f \in L^2(E)\} \tag{2.36}$$

也是一个 RKHS，它拥有再生核

$$k_U(t,\ t') = \langle L^* h_t^*,\ L^* h_{t'}^* \rangle_{L^2(D)}, \tag{2.37}$$

及内积

$$\langle w_1,\ w_2 \rangle_{H_{k_U}} = \langle P_{N(U)^\perp} f_1,\ P_{N(U)^\perp} f_2 \rangle_{L^2(E)}, \tag{2.38}$$

其中 $w_1 = Uf_1$ 和 $w_2 = Uf_2$，因此 $L^* L(L^* h_t^*) = (k_U)_t$. 又因为 $L^* h_t^* \in N(U)^\perp$，可得

$$(L^* L)^\dagger (k_U)_t = L^* h_t^*.$$

由最小范数解（2.25）式可知

$$f^\dagger(t) = (L^* L)^\dagger (L^* g)(t) = \langle L^* g,\ L^* h_t^* \rangle_{H_{k_U}}.$$

如果 $g \in R(L)$，根据（2.38）式可知

$$\langle L^* g, L^* h_t^* \rangle_{H_{k_U}} = \langle L^* L f^\dagger, L^* L L^\dagger h_t^* \rangle_{H_{k_U}} = \langle L^\dagger g, L^\dagger h_t^* \rangle_{L^2(E)} = \langle g, h_t^* \rangle_{H_k},$$

最后一个等式可由（2.31）式得到。□

2.3.3 值域空间的再生核延拓

本节继续讨论投影可解的 Fredholm 方程的算子型最小范数解析解。在上一节中，投影可解指的是

$$g(x) \in D(L^\dagger) \subseteq L^2(D),$$

及讨论其可解性都是基于 $R(L) = H_k$ 中的拓扑，其再生核 k 如（2.17）式所定义。本节的投影可解指的是自由项 $g(x)$ 属于某 RKHS 的情形，即

$$g(x) \in H_r,\ g(x) \notin H_k, \tag{2.39}$$

其中 $H_k \subsetneq H_r$，H_r 是拥有再生核 $r(x,\ y)$ 的 RKHS。因为本节中所涉及的演算都与再生性密切相关，所以仅在解空间 $H = H_Q$ 中讨论。

由于 RKHSH_r 的再生核 $r(x, y)$ 可诱导一个从 $L^2(D)$ 到自身的自伴 Hilbert-Schmidt 算子，记为 R，则其可表示为

$$R(g)(x) = \int_D r(x, y)g(y)\mathrm{d}y, \quad g \in L^2(D). \tag{2.40}$$

因为再生核 $r(x, y)$ 是连续函数，所以由 Mercer 定理[100]可知算子 R 在 $L^2(D)$ 中存在完备的标准正交基 $\{\varphi_i\}_{i=1}^{\infty}$ 及相应的特征值 $\{\lambda_i\}_{i=1}^{\infty}$ 使得

$$R(x, y) = \sum_{i=1}^{\infty} \lambda_i \varphi_i(x)\varphi_i(y), \tag{2.41}$$

$$R(g) = \sum_{i=1}^{\infty} \lambda_i \langle g, \varphi_i \rangle_{L^2(D)} \varphi_i. \tag{2.42}$$

此时值域空间 H_r 可表示为

$$H_r = \left\{g: g \in L^2(D), \sum_{i=1}^{\infty} \lambda_i^{-1} \langle g, \varphi_i \rangle_{L^2(D)}^2 < \infty\right\}, \tag{2.43}$$

及其内积

$$\langle g_1, g_2 \rangle_{H_r} = \sum_{i=1}^{\infty} \lambda_i^{-1} \langle g_1, \varphi_i \rangle_{L^2(D)} \langle g_2, \varphi_i \rangle_{L^2(D)}. \tag{2.44}$$

由于 $r(x, y)$ 是半正定的，则算子 $R^{1/2}$ 在 $L^2(D)$ 有定义且

$$R^{1/2}(g) = \sum_{i=1}^{\infty} \sqrt{\lambda_i} \langle g, \varphi_i \rangle_{L^2(D)} \varphi_i. \tag{2.45}$$

注意到 $N(R) = N(R^{1/2})$，则

$$H_r = R^{1/2}(L^2(D)) = R^{1/2}(L^2(D) \ominus N(R)). \tag{2.46}$$

此外，算子 $R^{1/2}$ 的广义逆算子也可表示为

$$(R^{1/2})^{\dagger} = \sum_{i=1}^{\infty} (\sqrt{\lambda_i})^{\dagger} \langle g, \varphi_i \rangle_{L^2(D)} \varphi_i. \tag{2.47}$$

类似地，也有

$$R^{\dagger}(g) = \sum_{i=1}^{\infty} \lambda_i^{\dagger} \langle g, \varphi_i \rangle_{L^2(D)} \varphi_i, \tag{2.48}$$

其中 $\lambda_i^{\dagger} = \lambda_i^{-1}$，$\lambda_i \neq 0$，$\lambda_i^{\dagger} = 0$，$\lambda_i = 0$.

为方便书写，令 $R^{-1/2} := (R^{1/2})^{\dagger}$，此时存在如下关系：

$$\| g \|_{H_r} = \inf\{ \| \rho \|_{L^2(D)}, \rho \in L^2(D), f = Q^{1/2}p\}, \quad g \in H_r,$$

$$\langle g_1, g_2 \rangle_{H_k} = \langle R^{-1/2}g_1, R^{-1/2}g_2 \rangle_{L^2(D)}, \quad g_1, g_2 \in H_r.$$

基于假设 $g(x) \in H_r$ 和 $g(x) \notin H_k$ 及 $H_k \subsetneq H_r$，Fredholm 方程的最小范数解可转化为求如下变分问题：寻找 $f^{\dagger}{}_{\lambda} \in N(L)^{\perp}$ 使得

$$\| g - Lf \|_{H_r}^2 + \lambda \| f \|_H^2 \tag{2.49}$$

最小，其中 $H = L^2(E)$ 或 RKHSH_Q. 由 H-Hk 结构可知

$$\| f \|_H = \| Lf \|_{H_k},$$

从而（2.49）式可被改写为

$$\lambda \| Lf \|_{H_k}^2 + \| g - Lf \|_{H_r}^2. \tag{2.50}$$

记 $D(L^*)$ 表示 L^* 在 $L^2(D)$ 中的定义域，可得如后文所述结果。

定理 2.4 假设 $D(L^*)$ 在 $L^2(D)$ 稠密。若 Fredholm 方程中 $g(x) \in H_r$，则最小化问题（2.50）式存在唯一的最小元 $f^\dagger{}_\lambda \in H_Q$ 使得

$$f^\dagger{}_\lambda(t) = \langle \eta_t^*, g \rangle_{H_r} = (QL^* (LQL^* + \lambda R)^\dagger g)(t), \quad t \in E,$$

其中 $\eta_t^* = LQ_t$，算子 R 由再生核 $r(x, y)$ 诱导。假设 $g = Lf^\dagger{}_\lambda + \xi$，$f^\dagger{}_\lambda \in N(L)^\perp$。若 $\xi \notin H_k$，则

$$\lim_{\lambda \to 0} \| f^\dagger{}_\lambda \|_H = +\infty.$$

附注 2.3 定理 2.4 可参照定理 5.1[73] 和定理 6.1[73] 进行证明。在（2.52）式中 $f^\dagger{}_\lambda$ 发散的根本原因是 H_k 和 H_r 中的拓扑是不一致的。

在解空间 $H = L^2(E)$ 中，将用算子型最小范数解析解（2.25）式求解不同的退化核和非退化核方程的最小范数解析解。

2.4 算例分析

在解空间 $H = L^2(E)$ 中，将用算子型最小范数解析解（2.25）式求解不同的退化核和非退化核方程的最小范数解析解。

2.4.1 退化核 Fredholm 方程的解析解

例 2.2 再次讨论例 2.1，即求解 Fredholm 方程

$$\int_0^1 (x + t) f(t) \, \mathrm{d}t = g(x), \tag{2.53}$$

的最小范数解。

由 $N(L)^\perp = \mathrm{span}\{1, t\}$，可知例 2.1 中的解

$$f_1(t) = -6t + 4 \in N(L)^\perp$$

是方程（2.53）式的最小范数解析解。

因为（2.25）式也表示一种最小范数解，所以只需证明

$$f^{\dagger}(t)=f_1(t)=-6t+4.$$

对 $\forall x, x' \in R$，根据（2.17）式可知

$$k(x, x')=\int_0^1 (x+t)(x'+t)\mathrm{d}t = xx' + \frac{1}{2}(x+x') + \frac{1}{3}.$$

由 $g(x)=x \in R(L)$，可知该方程是可解的，故可设

$$g(x)=ck(x, x'),$$

其中 $c, x' \in R$ 为待估计参数。通过求解上式可得

$$c=-6, \ x'=-2/3.$$

由于 $g(x) \in R(L)=H_k$ 及 H_k 的再生性可知

$$\begin{aligned} f^{\dagger}(t) &= \langle g, h_t^* \rangle_{H_k} = \langle -6k(x, -2/3), h_t^* \rangle_{H_k} \\ &= -6\langle k(x, -2/3), h_t^* \rangle_{H_k} = -6h_t^*(-2/3) = -6t+4. \end{aligned}$$

例 2.3 求解如下 Fredholm 方程[145]

$$\int_0^{\pi} \cos(x-t) f(t)\mathrm{d}t = \frac{\pi}{2}\cos x \tag{2.54}$$

的最小范数解析解。

根据（2.17）式，可知 H_k 的再生核为

$$k(x, x')=\frac{\pi}{2}\cos(x-x').$$

假设 $x'=0$，则 $g(x)=k(x, 0) \in H_k$，即方程（2.54）式是可解的。因为

$$h(x, t)=\cos(x-t)=\cos x\cos t+\sin x\sin t,$$

可知它还是一个退化核方程。

由于 $L(\cos t)=\frac{\pi}{2}\cos x$ 和 $L(\sin t)=\frac{\pi}{2}\sin x$，因此

$$L(2/\pi\cos t)=\cos x, \quad L(2/\pi\sin t)=\sin x. \tag{2.55}$$

根据算子型最小范数解析解（2.25）式，可得

$$\begin{aligned} f^{\dagger}(t) &= \langle g, h_t^* \rangle_{H_k} \\ &= \langle \pi/2\cos x, \cos(x-t) \rangle_{H_k} \\ &= \frac{2}{\pi}\langle \cos x, \cos x \rangle_{H_k}\cos t + \frac{2}{\pi}\langle \cos x, \sin x \rangle_{H_k}\sin t \\ &= \frac{2}{\pi}\langle \cos t, \cos t \rangle_{L^2([0, \pi])}\cos t + \frac{2}{\pi}\langle \cos t, \sin t \rangle_{L^2([0, \pi])}\sin t \\ &= \cos t. \end{aligned}$$

例 2.4 求解如下二维 Fredholm 方程[146]

$$\int_0^1\int_0^1 e^{x+y+s+t}f(s,\ t)\,\mathrm{d}s\mathrm{d}t = \frac{1}{2}(e^2-1)\,e^{x+y} \tag{2.56}$$

的最小范数解析解。

假设 $k((x,\ y),\ (x',\ y'))$ 为 H_k 的再生核，根据（2.17）式可知

$$k((x,\ y),\ (x',\ y')) = \left(\frac{e^2-1}{2}\right)^2 e^{x+y+x'+y'}.$$

令 $g(x,\ y) = \dfrac{e^2-1}{2}e^{x+y}$，则

$$g(x,\ y) = \frac{2}{e^2-1}k((x,\ y),\ (0,\ 0)).$$

由公式（2.25）式可知，

$$f^{\dagger}(s,\ t) = \langle g,\ h^*_{(s,\ t)}\rangle_{H_k} = \frac{2}{e^2-1}\langle k((x,\ y),\ (0,\ 0)),\ e^{x+y+s+t}\rangle_{H_k}$$

$$= \frac{2}{e^2-1}e^{s+t}.$$

2.4.2 非退化核 Fredholm 方程的解析解

例 2.5 求解如下一维非退化核 Fredholm 方程[97,147-149]

$$\int_0^1 \mathrm{e}^{xt}f(t)\,\mathrm{d}t = \frac{e^{x+1}-1}{x+1},\ 0\leqslant x\leqslant 1 \tag{2.57}$$

的最小范数解。

假设 $k(x,\ x')$ 为值域 H_k 的再生核，根据（2.17）式可知

$$k(x,\ x') = \frac{e^{x+x'}-1}{x+x'},\ x,\ x'\in[0,\ 1]. \tag{2.58}$$

令 $g(x) = \dfrac{e^{x+1}-1}{x+1}$，可知 $g(x) = k(x,\ 1)$，从而（2.57）式是可解的。由公式（2.25）式可知

$$f^{\dagger}(t) = \langle g,\ h_t^*\rangle_{H_k} = \langle k(x,\ 1),\ e^{xt}\rangle_{H_k} = \mathrm{e}^{1\cdot t} = e^t.$$

例 2.6 求如下二维非退化核 Fredholm 方程

$$\int_0^1\int_0^1 e^{tx+sy}f(s,\ t)\,\mathrm{d}s\mathrm{d}t = \frac{(e^{x+2}-1)(e^{y+3}-1)}{(x+2)(y+3)} \tag{2.59}$$

的最小范数解。

假设 $k((x, y), (x', y'))$ 为值域 H_k 的再生核，根据（2.17）式可知

$$k((x, y), (x', y')) = \frac{(e^{x+x'} - 1)(e^{y+y'} - 1)}{(x + x')(y + y')}.$$

令 $g(x, y) = \dfrac{(e^{x+2} - 1)(e^{y+3} - 1)}{(x + 2)(y + 3)}$，可知

$$g(x, y) = k((x, y), (2, 3)).$$

从而 Fredholm 方程（2.59）式是可解的。

由公式（2.25）式可知，方程（2.59）式的最小范数解

$$f^{\dagger}(s, t) = \langle g, h^{*}_{(s, t)} \rangle_{H_k} = \langle k((x, y), (2, 3)), e^{tx+sy} \rangle_{H_k} = e^{2t+3s}.$$

例 2.5 和例 2.6 表明，在解空间 $L^2(E)$ 中，能否获得最小范数解析解的关键是自由项 $g(x)$ 能否由值域空间 H_k 中的再生核 k 线性表示。

2.5 小结

本章聚焦于耗散系统 Burgers 方程 Cauchy 反问题的解析解求解问题。通过 Cole-Hopf 变换，可转化为研究如下 Fredholm 方程

$$\int_E h(x, t)f(t)\,\mathrm{d}t = g(x), \ x \in D$$

的解析解。基于 H-Hk 结构，首次揭示 $N(L)^{\perp}$ 的空间结构

$$N(L)^{\perp} = \overline{\mathrm{span}\{h_x \mid x \in D\}},$$

为 Fredholm 方程的最小范数解提供判据。本书受引理 2.2 的启发，首先在平方可积空间 $L^2(E)$ 中研究 Fredholm 方程的最小范数解析解，其结果可见定理 2.1。其次，将可解方程中的结论推广到更一般的投影可解方程，即定理 2.2 和定理 2.3。最后，还讨论了不可解方程，其结果可见定理 2.4。因此，本章的主要内容可总结如表 2.1 所示。

表 2.1　基于 H-Hk 结构的算子型最小范数解析解

可解性	解空间	主要内容	
可解方程	RKHSH_Q	$f^{\dagger}(t)=\langle \eta_t^*,\ g\rangle_{H_k}$	引理 2.2
	$L^2(E)$	$f^{\dagger}(t)=\langle g,\ h_t^*\rangle_{H_k}$	定理 2.1
投影可解方程	RKHSH_Q	$f^{\dagger}(t)=\langle L^*g,\ L^*LQ_t\rangle_{H_{k_U}}$	定理 2.2
		$\langle L^*g,\ L^*LQ_t\rangle_{H_{k_U}}=\langle \eta_t^*,\ g\rangle_{H_k}$	定理 2.2
	$L^2(E)$	$f^{\dagger}(t)=\langle L^*g,\ L^*h_t^*\rangle_{H_{k_U}}$	定理 2.3
		$\langle L^*g,\ L^*LQ_t\rangle_{H_{k_U}}=\langle g,\ h_t^*\rangle_{H_k}$	定理 2.3
不可解方程	RKHSH_Q	$\lim\limits_{\lambda\to 0}\Vert f^{\dagger}{}_{\lambda}\Vert_H=+\infty$	定理 2.4

3 基于 Kriging 插值模型的最小范数插值解

虽然上一章已获得多种形式的算子型最小范数解析解，但是考虑到复杂的积分核可能会导致其演算困难，因此还需做进一步的插值分析。然而，不同的插值方式对 Fredholm 方程也会产生不一样的误差，因此还需考虑误差对插值解的影响。

基于上述问题，本章将采用经典的不确定性量化方法 Kriging 代理模型进行插值求解。该代理模型还涉及插值节点的选取问题，本书基于最小化最大不确定性提出了最优的序贯选点策略。通过该选点策略，本书证明了退化核方程必定在有限步内获得其最小范数解析解。此外，相对于均匀选点策略，插值解在该策略下更具稳定性和精确性。

3.1 Kriging 插值模型

目前，对于 Fredholm 方程

$$\int_E h(x,\ t)f(t)\,\mathrm{d}t = g(x),\quad x \in D, \tag{3.1}$$

最简单的数值方法就是直接对积分区域进行离散化。比如一维 Fredholm 方程

$$\int_a^b h(x,\ t)f(t)\,\mathrm{d}t = g(x),\quad c \leqslant x \leqslant d. \tag{3.2}$$

选取 n 个插值节点 $\{x_i,\ g(x_i)\}_{i=1}^n$，可得

$$\int_a^b h(x_i,\ t)\,f(t)\,\mathrm{d}t = g(x_i),\ 1 \leqslant i \leqslant n,$$

然后在区间 $[a, b]$ 上选定 m 个节点对每一个方程进行数值积分可得

$$\sum_{j=1}^{m} w_j h(x_i, t_j) f(t_j) = g(x_i), \ 1 \leqslant i \leqslant n,$$

其中 w_1，w_2，…，w_m 是数值积分的权重系数。令

$$h_{ij} = h(x_i, t_j), \quad f_j = f(t_j), \quad g_i = g(x_i),$$

则积分方程（3.2）式可离散为

$$\begin{bmatrix} w_1 h_{11} & w_2 h_{12} & \cdots & w_n h_{1m} \\ w_1 h_{21} & w_2 h_{22} & \cdots & w_n h_{2m} \\ \cdots & \cdots & \cdots & \cdots \\ w_1 h_{n1} & w_2 h_{n2} & \cdots & w_n h_{nm} \end{bmatrix} \begin{bmatrix} f_1 \\ f_2 \\ \cdots \\ f_m \end{bmatrix} = \begin{bmatrix} g_1 \\ g_2 \\ \cdots \\ g_n \end{bmatrix}. \tag{3.3}$$

通常，矩阵方程（3.3）式和 Fredholm 方程（3.2）式的解会存在很大误差。虽然增加插值节点可降低误差，但是矩阵方程（3.3）式得到的解将变得不稳定，即产生较大的条件数，如例 3.1 所述。

例 3.1 讨论如下 Fredholm 方程[97,147-149]

$$\int_0^1 e^{xt} f(t)\,dt = \frac{e^{x+1} - 1}{x + 1}, \ 0 \leqslant x \leqslant 1 \tag{3.4}$$

插值解的绝对误差。

例 2.5 已获得方程（3.4）式的解析解为 e^t，现应用离散方程（3.3）式对其进行求解。假设 $n = m = 4k + 1$，$k \in N$，计算在 0，0.25，0.5，0.75，1 处的绝对误差及其条件数如表 3.1 所示。由表 3.1 可知，插值解和真实解在两端点处有较大误差，且还表明插值解是不稳定的，即（3.3）式的系数矩阵有较大的条件数。

表 3.1 绝对误差与条件数

$n \backslash t$	$t = 0$	$t = 0.25$	$t = 0.5$	$t = 0.75$	$t = 1$	条件数
$n = 5$	0.649 9	1.152 8	0.780 6	1.801 4	1.700 4	1.06×10^{6}
$n = 9$	0.597 0	0.492 6	0.604 7	1.161 3	1.817 2	8.75×10^{14}
$n = 13$	0.685 1	0.151 4	0.342 0	0.120 4	1.823 5	1.11×10^{18}
$n = 17$	0.670 2	0.106 8	0.101 3	0.096 4	1.760 1	8.07×10^{17}
$n = 21$	0.649 5	0.081 4	0.058 6	0.071 5	1.700 6	2.74×10^{18}
$n = 25$	0.619 3	0.064 1	0.036 2	0.049 6	1.627 7	2.63×10^{18}

使用插值方法求解 Fredholm 方程时，插值解呈现出不稳定现象是非常普遍的。若仍用插值方法求解 Fredholm 方程，自然期望找到一种技巧，该技巧既能保证插值解的稳定性又能保证其精确性。

通过分析，基于序贯设计思想，在 H-Hk 结构上引入 Kriging 插值代理模型能实现上述想法，并能给出多种形式的最小范数插值解及其不确定性估计。Kriging 插值模型是一种经典的代理模型，它将未知函数 $g(x)$ 当作随机过程 $G(x)$ 的一次实现，即 $g(x)$ 是 $G(x)$ 可能取值之一。假设

$$G(x)=\sum_{i=1}^{k}\beta_i f_i(x)+Z(x), \tag{3.5}$$

其中 $f_i(x)$ 是已知基函数，β_i 是未知系数，$Z(x)$ 是均值为零的某一随机过程。基于观测数据 $\{x_i,\ g(x_i)\}_{i=1}^{n}$，其相关性可由如下协方差刻画

$$Cov(Z(x_i),\ Z(x_j))=R(x_i,\ x_j,\ \theta). \tag{3.6}$$

在随机过程（3.5）式中，趋势项 $\sum_{i=1}^{k}\beta_i f_i(x)$ 表示对 $G(x)$ 的全局近似，而 $Z(x)$ 表示系统偏差。在（3.6）式中，协方差

$$R(x_i,\ x_j,\ \theta)=\prod_{k=1}^{d}R_k(\theta_k,\ x_j^k,\ x_j^k)$$

可刻画 x_i 和 x_j 的空间相关关系，θ 为参数。为简化，将 $R(x_i,\ x_j,\ \theta)$ 记为 $R(x_i,\ x_j)$。

对于给定的观测数据 $\{x_i,\ g(x_i)\}_{i=1}^{n}$，记

$$\boldsymbol{f}(\boldsymbol{x})=(f_1(x),\ \cdots,\ f_k(x))^T,$$

$$\boldsymbol{F}=[f(x_1),\ \cdots,\ f(x_n)]^T,$$

$$\boldsymbol{r}(\boldsymbol{x})=(R(x,\ x_1),\ \cdots,\ R(x,\ x_n))^T,$$

$$\boldsymbol{R}=\begin{bmatrix} R(x_1,\ x_1) & \cdots & R(x_1,\ x_n) \\ \vdots & \ddots & \vdots \\ R(x_n,\ x_1) & \cdots & R(x_n,\ x_n) \end{bmatrix},$$

则分别称 $\boldsymbol{f}(\boldsymbol{x})$ 和 $\boldsymbol{F}$ 为设计向量和设计矩阵。

从频率视角进行分析，Kriging 模型的预测函数 $\bar{g}_n(x)$ 是随机过程 $G(x)$ 的最优线性无偏估计，即 $\bar{g}_n(x)$ 是 $\{g(x_i)\}_{i=1}^{n}$ 的线性组合，则其可表示为

$$\bar{g}_n(x)=\sum_{i=1}^{n}c_i(x)g(x_i)=c^T(x)Y, \tag{3.7}$$

其中 $\boldsymbol{Y}=(g(x_1),\ g(x_2),\ \cdots,\ g(x_n))^T$，$\sum_{i=1}^{n} c_i(x)=1$.

在随机过程（3.5）式中，把随机向量 $(G_1,\ G_2,\ \cdots,\ G_n)^T$ 看作是 Y 的一次实现，因此预测函数 $\bar{g}_n(x)$ 也可当作随机变量。为确保最优线性无偏性，权重函数 $c(x)$ 需满足无偏条件

$$E[\boldsymbol{c}^T(\boldsymbol{x})\boldsymbol{Y}]=E[\boldsymbol{G}(\boldsymbol{x})], \tag{3.8}$$

同时需使得均方误差

$$E[(\boldsymbol{c}^T(x)\boldsymbol{Y}-\boldsymbol{G}(\boldsymbol{x}))^2] \tag{3.9}$$

最小。由（3.8）式可知

$$\boldsymbol{F}^T\boldsymbol{c}(\boldsymbol{x})=f(x). \tag{3.10}$$

令 $\mathrm{MSE}(\bar{g}_n(x))$ 表示均方误差（mean square error，MSE），根据（3.9）式可知

$$\mathrm{MSE}(\bar{g}_n(x))=R(x,\ x)+\boldsymbol{c}^T(\boldsymbol{x})R\boldsymbol{c}(\boldsymbol{x})-2\boldsymbol{c}^T(\boldsymbol{x})\boldsymbol{r}(\boldsymbol{x}). \tag{3.11}$$

根据拉格朗日乘数法，可得

$$L(c(x),\boldsymbol{\lambda}(x))=R(x,x)+\boldsymbol{c}^T(\boldsymbol{x})R\boldsymbol{c}(\boldsymbol{x})-2\boldsymbol{c}^T(\boldsymbol{x})\boldsymbol{r}(\boldsymbol{x})+2\boldsymbol{\lambda}^T(\boldsymbol{x})[\boldsymbol{F}^T\boldsymbol{c}(\boldsymbol{x})-f(x)].$$

对上式进行最小化可得

$$\begin{bmatrix} 0 & \boldsymbol{F} \\ \boldsymbol{F}^T & \boldsymbol{R} \end{bmatrix}\begin{bmatrix} \lambda(x) \\ c(x) \end{bmatrix}=\begin{bmatrix} f(x) \\ r(x) \end{bmatrix},$$

求解方程如上方程可得

$$\lambda(x)=-2(\boldsymbol{F}^T\boldsymbol{R}^{-1}\boldsymbol{F})^{-1}(\boldsymbol{F}^T\boldsymbol{R}^{-1}\boldsymbol{r}(\boldsymbol{x})-f(x)), \tag{3.12}$$

$$c(x)=R^{-1}[\boldsymbol{r}(\boldsymbol{x})-\boldsymbol{F}(\boldsymbol{F}^T\boldsymbol{R}^{-1}\boldsymbol{F})^{-1}(\boldsymbol{F}^T\boldsymbol{R}^{-1}\boldsymbol{r}(\boldsymbol{x})-f(x))]. \tag{3.13}$$

此时，将（3.13）式代入（3.7）式可得

$$\bar{g}_n(x)=\boldsymbol{f}^T(\boldsymbol{x})\bar{\boldsymbol{\beta}}+\boldsymbol{r}^T(\boldsymbol{x})\boldsymbol{R}^{-1}(\boldsymbol{Y}-\boldsymbol{F}\bar{\boldsymbol{\beta}}), \tag{3.14}$$

其中 $\bar{\boldsymbol{\beta}}=(\boldsymbol{F}^T\boldsymbol{R}^{-1}\boldsymbol{F})^{-1}\boldsymbol{F}^T\boldsymbol{R}^{-1}\boldsymbol{Y}$. 再将（3.13）式代入（3.11）式可得

$$V(\bar{g}_n(x))=R(x,\ x)-\boldsymbol{r}^T(\boldsymbol{x})\boldsymbol{R}^{-1}\boldsymbol{r}(\boldsymbol{x})+\boldsymbol{h}^T(\boldsymbol{F}^T\boldsymbol{R}^{-1}\boldsymbol{F})^{-1}\boldsymbol{h}, \tag{3.15}$$

其中 $h=f(x)-\boldsymbol{F}^T\boldsymbol{R}^{-1}\boldsymbol{r}(\boldsymbol{x})$，$V(\bar{g}_n(x))$ 表示对 $\mathrm{MSE}(\bar{g}_n(x))$ 的估计。

在本书中，分别称（3.14）式和（3.15）式为 Kriging 插值模型在测试点 x 处的预测均值和预测方差。Kriging 插值模型的特别之处在于（3.15）式能量化插值数据的不确定性，此特性将在下一节的最优序贯选点策略中起到关键作用。此外，Kriging 插值模型的插值效果还与协方差函数有密切的关系。通常，Kriging 插值模型可选如下协方差函数

$$R_k(\theta_k,\ x_i^k,\ x_j^k)=\exp(-\theta_k h_k^2),$$

$$R_k(\theta_k, x_i^k, x_j^k) = \exp(-\theta_k h_k^{p_k}), \quad 1 \leqslant p_k \leqslant 2,$$

$$R_k(\theta_k, x_i^k, x_j^k) = (1 + \theta_k \sqrt{3} h_k) \exp(-\theta_k \sqrt{3} h_k),$$

其中 $h_k = |x_i^k - x_j^k|$。

3.2 Fredholm 方程的最小范数插值解及其不确定性估计

由于算子型最小范数解析解在积分核较为复杂时，该类解析解可能会遇到演算困难的问题，因此需要做进一步的插值逼近处理。本节基于节点 $\{x_i, g(x_i)\}_{i=1}^n$，运用前一节的 Kriging 插值模型对积分方程（3.1）式进行离散化，其中的关键问题在于如何确定协方差函数 $R(x, x')$。

3.2.1 最小范数插值解

回顾 H-Hk 结构，在值域空间 $R(L)$ 中引入再生核范数可使其变为 RKHSH_k。此时，Kriging 插值模型中的协方差函数 $R(x, x')$ 可直接选为 H_k 的再生核 $k(x, x')$。对比（3.14）式和（3.15）式，可知（3.5）式中的基函数 $\{f_i(x)\}_{i=1}^n$ 应满足

$$f_i(x) \equiv 0, \quad 1 \leqslant i \leqslant n.$$

此时，（3.14）式和（3.15）式可分别表示为

$$\bar{g}_n(x) = r^T(x) \boldsymbol{R}^{-1} \boldsymbol{Y}, \tag{3.16}$$

$$V(\bar{g}_n(x)) = R(x, x) - \boldsymbol{r}^T(\boldsymbol{x}) \boldsymbol{R}^{-1} \boldsymbol{r}(\boldsymbol{x}), \tag{3.17}$$

其中 $R(x_i, x_j) = k(x_i, x_j)$，$i, j = 1, \cdots, n$.

现对（3.16）式和（3.17）式做进一步分析。根据 Kriging 插值模型的推导过程，相关矩阵 $\boldsymbol{R}$ 需满足可逆条件，因此也要求核矩阵

$$\boldsymbol{K}_{XX} := (k(x_i, x_j))_{nn}$$

可逆。对第一节的推导过程进行重新梳理，$\boldsymbol{K}_{XX}^{-1}$ 可完全被 Moore-Penrose 广义逆矩阵 $\boldsymbol{K}_{XX}^{\dagger}$ 代替。因此，基于 H-Hk 结构，（3.16）式和（3.17）式可改写为

$$\bar{g}_n(x) = \boldsymbol{K}_{xX}^T \boldsymbol{K}_{XX}^{\dagger} \boldsymbol{Y}, \tag{3.18}$$

$$V[\bar{g}_n(x)] = k(x, x) - \boldsymbol{K}_{xX}^T \boldsymbol{K}_{XX}^{\dagger} \boldsymbol{K}_{xX}, \tag{3.19}$$

其中 $\boldsymbol{K}_{xX} = (k(x_1, x), \cdots, k(x_n, x))^T$，$\boldsymbol{X} = (x_1, x_2, \cdots, x_n)^T$。此时，分别称（3.18）式和（3.19）式为预测均值和预测方差[150]。

综上所述，基于 H-Hk 结构，若插值数据 $\{x_i, y_i\}_{i=1}^{n}$ 满足

$$y_i = g(x_i),\ x_i \in X_n := \{x_1, \cdots, x_n\}, \tag{3.20}$$

根据 Kriging 插值模型，有预测均值（3.18）式和预测方差（3.19）式。

在（3.20）式中，集合 X_n 被称为区域 D 上的试验设计（experimental design, ED）。基于 X_n，可对值域 $R(L)$ 的空间结构进行刻画，如引理 3.1 所述。

引理 3.1 $R(L) = \overline{\mathrm{span}\{k(x_i, x) \mid x \in D, x_i \in X_n, 1 \leqslant i \leqslant n, n \in N\}}$.

证明： 基于（3.18）式，直接由等价关系（2.19）式和引理 2.1 可得。□

根据引理 3.1，对于给定的试验设计 X_n，在 $R(L)$ 中自然蕴含一组基函数

$$k(x_1, x),\ k(x_2, x),\ \cdots,\ k(x_n, x), \tag{3.21}$$

本书称其为核基函数。因为预测均值 $\bar{g}_n(x)$ 在试验设计 X_n 上满足插值条件

$$\bar{g}_n(x_i) = g(x_i),\ i = 1, \cdots, n,$$

所以对于 Fredholm 方程（3.1）式，可近似地采用如下代理方程对其逼近

$$\int_E h(x, t) f(t)\,\mathrm{d}t = \bar{g}_n(x), \tag{3.22}$$

其中 $\bar{g}_n(x)$ 如（3.18）式所示。记 $\bar{f}_n^{\dagger}(t)$ 为 Fredholm 方程（3.22）式的最小范数解，有后文所述结果。

定理 3.1 对于 Fredholm 方程（3.22）式，假设 $g(x) \in H_k$ 满足（3.20）式。

若 $H = L^2(E)$，则

$$\bar{f}_n^{\dagger}(t) = \boldsymbol{H}_{tX}^{T} \boldsymbol{K}_{XX}^{\dagger} \boldsymbol{Y}, \tag{3.23}$$

$$V[\bar{f}_n^{\dagger}(t)] = \langle h_t^*, h_t^* \rangle_{H_k} - \boldsymbol{H}_{tX}^{T} \boldsymbol{K}_{XX}^{\dagger} \boldsymbol{H}_{tX}, \tag{3.24}$$

其中 $\boldsymbol{H}_{tX}^{T} = (h_{x_1}(t), \cdots, h_{x_n}(t))$。若 $H = H_Q$，则

$$\bar{f}_n^{\dagger}(t) = \boldsymbol{\eta}_{tX}^{T} \boldsymbol{K}_{XX}^{\dagger} \boldsymbol{Y}, \tag{3.25}$$

$$V[\bar{f}_n^{\dagger}(t)] = \langle \boldsymbol{\eta}_t^*, \boldsymbol{\eta}_t^* \rangle_{H_k} - \boldsymbol{\eta}_{tX}^{T} \boldsymbol{K}_{XX}^{\dagger} \boldsymbol{\eta}_{tX}, \tag{3.26}$$

其中 $\boldsymbol{\eta}_{tX}^{T} = (\eta_{x_1}(t), \cdots, \eta_{x_n}(t))$，$\eta_t^*(x) = \eta(x, t) = \eta_x(t)$。

证明： 首先证明（3.23）式和（3.24）式。基于等价关系，（2.20）式有

$$Lh_x = k_x,\ \boldsymbol{L}\boldsymbol{H}_{tX}^{T} = \boldsymbol{K}_{xX}^{T}.$$

又由（3.18）式，可得 $\bar{f}_n^{\dagger}(t) = L^{\dagger}\bar{g}_n(x) = \boldsymbol{H}_{tX}^{T} \boldsymbol{K}_{XX}^{\dagger} \boldsymbol{Y}$.

根据 $E[g(x)g(x')^T]=k(x, x')$ 及（2.20）式，有 $E[f^\dagger]=E[L^\dagger g]=L^\dagger E[g]=0$.

进一步可得

$$E[[(L^\dagger g)(t)][L^\dagger g(t')]^T]=L_x^\dagger k(x, x')(L_{x'}^\dagger)^T,$$

其中 $L_x^\dagger$ 表示 $L^\dagger$ 作用于 $k(x, x')$ 中的变量 x，因此

$$E[f^\dagger(t)]=0,\ V[f^\dagger(t)]=L_x^\dagger k(x, x')(L_{x'}^\dagger)^T.$$

根据 $E[\boldsymbol{Y}(\boldsymbol{L}^\dagger \boldsymbol{g})^T]=E[\boldsymbol{Y}\boldsymbol{g}^T](L_x^\dagger)^T=\boldsymbol{K}_{xX}(L_x^\dagger)^T$，有

$$\begin{bmatrix}\boldsymbol{Y}\\(L^\dagger g)(t)\end{bmatrix}\sim N\left(\begin{bmatrix}0\\0\end{bmatrix}, \begin{bmatrix}\boldsymbol{K}_{XX} & \boldsymbol{K}_{x'X}(L_{x'}^\dagger)^T\\ L_x^\dagger\boldsymbol{K}_{xX}^T & L_x^\dagger k(x, x')(L_{x'}^\dagger)^T\end{bmatrix}\right)\Bigg|_{x'=x},$$

因此

$$V[\bar{f}_n^\dagger(t)]=[L_x^\dagger k(x, x')(L_{x'}^\dagger)^T-L_x^\dagger\boldsymbol{K}_{xX}^T\boldsymbol{K}_{XX}^\dagger\boldsymbol{K}_{x'X}(L_{x'}^\dagger)^T]\big|_{x'=x}.$$

由 $k(x, x')=\langle k_x, k_{x'}\rangle_{H_k}$ 和（2.20）式可知

$$L_x^\dagger k(x, x')(L_{x'}^\dagger)^T=\langle L_x^\dagger k_x, k_{x'}(L_{x'}^\dagger)^T\rangle_{H_k}=\langle h_t^*, h_{t'}^*\rangle_{H_k},$$

$$L_x^\dagger\boldsymbol{K}_{xX}^T\boldsymbol{K}_{XX}^\dagger\boldsymbol{K}_{x'X}(L_{x'}^\dagger)^T=\boldsymbol{H}_{tX}^T\boldsymbol{K}_{XX}^\dagger\boldsymbol{H}_{t'X}.$$

将上面两个等式代入 $V[\bar{f}_n^\dagger(t)]$ 可得

$$V[\bar{f}_n^\dagger(t)]=\langle h_t^*, h_t^*\rangle_{H_k}-\boldsymbol{H}_{tX}^T\boldsymbol{K}_{XX}^\dagger\boldsymbol{H}_{tX}.$$

类似地，可证明（3.25）式和（3.26）式。□

在定理3.1中，（3.23）式和（3.25）式分别为 Fredholm 方程（3.1）式在不同解空间中的最小范数插值解，预测方差（3.24）式和（3.26）式分别为它们的不确定性估计。当 $g(x)\in D(L^\dagger)$ 满足（3.20）式时，即 Fredholm 方程（3.1）式是投影可解的，可参照定理3.1给出正规方程（2.28）式的最小范数插值解。

附注3.1 回顾定理2.1，可解积分方程在其解空间 $H=L^2(E)$ 中有算子型最小范数解析解（2.25）式，即 $f^\dagger(t)=\langle g, h_t^*\rangle_{H_k}$. 若用 $\bar{g}_n(x)$ 替换上式中的 $g(x)$，则插值解（3.23）式可理解为

$$\bar{f}_n^\dagger(t)=\langle\bar{g}_n(x), h_t^*(x)\rangle_{H_k}=\langle\boldsymbol{K}_{xX}^T\boldsymbol{K}_{XX}^\dagger\boldsymbol{Y}, h_t^*(x)\rangle_{H_k}=\boldsymbol{H}_{tX}^T\boldsymbol{K}_{XX}^\dagger\boldsymbol{Y}. \tag{3.27}$$

故定理3.1是定理2.1的插值形式，已解决算子型最小范数解析解演算困难的问题。

附注3.2 为确保最小范数插值解（3.23）式和（3.25）式具备稳定性，需控制核矩阵 K_{XX} 的条件数，一种常见的技巧是引入一个阈值 η 使得

$$\lambda_1/\eta \leqslant k_{max},$$

其中λ_1为K_{XX}的最大特征值，k_{max}为可接受的条件数，如$k_{max}=10^8$。此时，解（3.23）式和（3.25）式不再满足插值条件，见本章例3.7。

3.2.2 收敛性分析

本节将进一步讨论最小范数插值解（3.23）式和（3.25）式随着节点数n增加的收敛性问题。为准确刻画收敛性，即度量最小范数插值解的逼近程度，需引入空间填充距离[151]，其定义如下：

$$h_{X_n} := \sup_{x \in D} \inf_{x_i \in X_n} \| x - x_i \|_2, \tag{3.28}$$

其中$X_n=\{x_1, \cdots, x_n\}$为试验设计。显然，若$\lim\limits_{n\to\infty} h_{X_n}=0$，则$X_n$在$D$中稠密。

3.2.2.1 可解方程

对于可解积分方程，定理3.2证明其最小范数插值解（3.23）式和（3.25）式随插值点数n增加分别会收敛于该方程的算子型最小范数解析解（2.25）式和（2.23）式。

定理3.2 假设$g(x) \in R(L)$且满足（3.20）式。若

$$\lim_{h_{X_n}\to 0} V[\bar{g}_n(x)] = 0, \tag{3.29}$$

则存在如下收敛性

$$\lim_{h_{X_n}\to 0} \| \bar{f}_n^{\dagger} - f^{\dagger} \|_H = 0. \tag{3.30}$$

证明：根据H-Hk结构，可知$\| \bar{f}_n^{\dagger} - f^{\dagger} \|_H = \| \boldsymbol{K}_{xX}^T \boldsymbol{K}_{XX}^{\dagger} \boldsymbol{Y} - g \|_{H_k}$，因此只需证明

$$\lim_{h_{X_n}\to 0} \| \boldsymbol{K}_{xX}^T \boldsymbol{K}_{XX}^{\dagger} \boldsymbol{Y} - g \|_{H_k} = 0. \tag{3.31}$$

对任意$c_1, \cdots, c_n$，由再生性可知

$$\sup_{\| m \|_{H_k} \leqslant 1} \sum_{i=1}^{n} c_i m(x_i) = \sup_{\| m \|_{H_k} \leqslant 1} \left\langle \sum_{i=1}^{n} c_i k(\cdot, x_i), m \right\rangle_{H_k}.$$

根据Cauchy-Schwartz不等式，可得

$$\begin{aligned} \sup_{\| m \|_{H_k} \leqslant 1} \left\langle \sum_{i=1}^{n} c_i k(\cdot, x_i), m \right\rangle_{H_k} &\leqslant \sup_{\| m \|_{H_k} \leqslant 1} \left\| \sum_{i=1}^{n} c_i k(\cdot, x_i) \right\|_{H_k} \| m \|_{H_k} \\ &\leqslant \left\| \sum_{i=1}^{n} c_i k(\cdot, x_i) \right\|_{H_k}. \end{aligned}$$

记 $u(x) := \sum_{i=1}^{n} c_i k(\cdot, x_i) / \| \sum_{i=1}^{n} c_i k(\cdot, x_i) \|_{H_k}$，可得 $\| u \|_{H_k} = 1$，进一步有

$$\sup_{\| m \|_{H_k} \leqslant 1} \langle \sum_{i=1}^{n} c_i k(\cdot, x_i), m \rangle_{H_k} \geqslant \langle \sum_{i=1}^{n} c_i k(\cdot, x_i), u \rangle_{H_k} = \| \sum_{i=1}^{n} c_i k(\cdot, x_i) \|_{H_k}.$$

联立可得

$$\sup_{\| m \|_{H_k} \leqslant 1} \sum_{i=1}^{n} c_i m(x_i) = \| \sum_{i=1}^{n} c_i k(\cdot, x_i) \|_{H_k}.$$

令 $c_i = (\boldsymbol{K}_{xX}^T \boldsymbol{K}_{XX}^{\dagger})_i$ 及 $m = g$，根据上式可得

$$\sup_{\| m \|_{H_k} \leqslant 1} (g(x) - \sum_{i=1}^{n} c_i g(x_i)) = \| k(\cdot, x) - \sum_{i=1}^{n} c_i k(\cdot, x_i) \|_{H_k}.$$

注意到，上式右端的平方可表示为

$$\begin{aligned}
& k(\cdot, x) - \sum_{i=1}^{n} c_i k(\cdot, x_i) \|_{H_k}^2 \\
&= k(x, x) - 2\sum_{i=1}^{n} c_i k(x, x_i) + \sum_{i=1}^{n} \sum_{i=j}^{n} c_i c_j k(x_i, x_j) \\
&= k(x, x) - 2\boldsymbol{K}_{xX}^T \boldsymbol{K}_{XX}^{\dagger} \boldsymbol{K}_{xX} + \boldsymbol{K}_{xX}^T \boldsymbol{K}_{XX}^{\dagger} \boldsymbol{K}_{XX} \boldsymbol{K}_{XX}^{\dagger} \boldsymbol{K}_{xX} \\
&= k(x, x) - 2\boldsymbol{K}_{xX}^T \boldsymbol{K}_{XX}^{\dagger} \boldsymbol{K}_{xX} + \boldsymbol{K}_{xX}^T \boldsymbol{K}_{XX}^{\dagger} \boldsymbol{K}_{xX} \\
&= k(x, x) - \boldsymbol{K}_{xX}^T \boldsymbol{K}_{XX}^{\dagger} \boldsymbol{K}_{xX} \\
&= V[\bar{g}_n(x)].
\end{aligned}$$

由于 $g(x) - \sum_{i=1}^{n} c_i g(x_i) = g(x) - \boldsymbol{K}_{xX}^T \boldsymbol{K}_{XX}^{\dagger} \boldsymbol{Y}$，可得

$$(g(x) - \boldsymbol{K}_{xX}^T \boldsymbol{K}_{XX}^{\dagger} \boldsymbol{Y})^2 \leqslant V[\bar{g}_n(x)]. \tag{3.32}$$

又因为 $\lim_{h_{X_n} \to 0} V[\bar{g}_n(x)] = 0$，所以 $\lim_{h_{X_n} \to 0} \boldsymbol{K}_{xX}^T \boldsymbol{K}_{XX}^{\dagger} \boldsymbol{Y} = g(x)$，故（3.31）式成立，从而已完成（3.30）式的证明。□

3.2.2.2　不可解方程

若 Fredholm 方程（3.1）式是不可解的，即 $g(x) \in \overline{R(L)} \setminus R(L) \subseteq L^2(D)$，定理 3.3 证明其最小范数插值解（3.23）式和（3.25）式随着插值点数 n 增加会发散。

定理 3.3　若 $g(x) \in \overline{R(L)} \setminus R(L) \subseteq L^2(D)$ 且满足（3.20）式，则

$$\lim_{h_{X_n} \to 0} \| \bar{f}_n^{\dagger} \|_H = +\infty. \tag{3.33}$$

证明： 采用反证法，只需证明：若 $\lim\limits_{h_{X_n}\to 0}\|\bar{f}_n^\dagger\|_H<+\infty$成立，则 $g(x)\in R(L)$。

假设 H_n 是值域 $R(L)$ 中满足（3.20）式的函数集合，即

$H_n:=\{m(x)\in R(L)\mid m(x_i)=g(x_i)=y_i,\ x_i\in X_D,\ 1\leqslant i\leqslant n\}$，

可知

$$H_1\supseteq\cdots\supseteq H_n\supseteq\cdots\supseteq H_\infty=\{g(x)\}.$$

因为 $L\bar{f}_n^\dagger(t)=\boldsymbol{K}_{xX}^T\boldsymbol{K}_{XX}^\dagger\boldsymbol{Y}\in H_n$，可得

$$\|\boldsymbol{K}_{xX}^T\boldsymbol{K}_{XX}^\dagger\boldsymbol{Y}\|_{H_k}=\|\bar{f}_n^\dagger(t)\|_H.$$

由 $\lim\limits_{h_{X_n}\to 0}\|\bar{f}_n^\dagger\|_H<+\infty$，可知 $\{\boldsymbol{K}_{xX}^T\boldsymbol{K}_{XX}^\dagger\boldsymbol{Y}\}_{n=1}^{\infty}$ 是 $R(L)(=H_k)$ 中的 Cauchy 序列，因此

$$\lim_{h_{X_n}\to 0}\boldsymbol{K}_{xX}^T\boldsymbol{K}_{XX}^\dagger\boldsymbol{Y}=g(x).$$

由于 $K_{xX}^TK_{XX}^\dagger Y\in H_n\subseteq R(L)$ 及 H_k 是一个闭线性空间，则

$$g(x)\in H_k=R(L),$$

上式与已知条件 $g(x)\notin R(L)$ 矛盾，因此可得 $\lim\limits_{h_{X_n}\to 0}\|\bar{f}_n^\dagger\|_H=+\infty$，即已完成定理的证明。□

附注 3.3 若方程（3.1）式是投影可解的，即 $g\in D(L^\dagger)$，由引理 2.4 可知

$$w=L^*g\in H_{k_U}.$$

假设 w 是一个均值为 0，方差为 $k_U(t,t')$，$t,t'\in E$ 的随机过程，其中

$$k_U(t,t')=\begin{cases}\langle L^*h_t^*,\ L^*h_{t'}^*\rangle_{L^2(D)}, & H=L^2(E),\\ \langle UQ_t,\ UQ_{t'}\rangle_{H_Q}, & H=H_Q.\end{cases}\tag{3.34}$$

此时，可参照定理 3.1 和定理 3.2 的推导，对第 2 章中定理 2.2 和定理 2.3 的算子型最小范数解析解作插值逼近，获得相应的最小范数插值解。当然，也可讨论收敛性问题，此处不再一一赘述。

3.3 基于最小化最大不确定性的序贯试验设计

本节从代理模型的不确定性量化角度出发，通过序贯设计探索最优的试验设计 X_n。由附注 3.1 中（3.27）式可知，$\bar{f}_n^\dagger(t)$ 与 $f^\dagger(t)$ 和 $\bar{g}_n(x)$ 与

$g(x)$ 的逼近过程是同步的，所以可选择 $V[\bar{g}_n(x)]$ 来量化 $\bar{f}_n^\dagger(t)$ 逼近 $f^\dagger(t)$ 的不确定性。

事实上，由 H-Hk 结构和（3.32）式可知

$$\| \bar{f}_n^\dagger - f^\dagger \|_H = \| \bar{g}_n - g \|_{H_k}, \tag{3.35}$$

$$| g(x) - \bar{g}_n(x) | \leqslant \sqrt{V[\bar{g}_n(x)]}, \tag{3.36}$$

说明选择 $V[\bar{g}_n(x)]$ 量化插值解 $\bar{f}_n^\dagger(t)$ 的不确定性是合理的。

因此只需序贯地最小化最大 $V[\bar{g}_n(x)]$ 就能得到插值点 X_n，每一步获得的设计点都可理解为通过贪婪算法实现。注意，不等式（3.36）式在试验设计 X_n 上能取到等号，说明 $\sqrt{V[\bar{g}_n(x)]}$ 是精确的上确界，即上述序贯设计是最优的。

对于试验设计 $X_n = \{x_1, \cdots, x_n\}$，若最小化 $V[\bar{g}_n(x)]$ 获得多个新的设计点 $\{x_{n+1}^{(1)}, \cdots, x_{n+1}^{(l)}\}$，则此时可根据最小最大准则确定下一个设计点 x_{n+1}，即 x_{n+1} 需满足准则

$$\max_{x_{n+1}^{(j)} \in D_{n+1}} \min_{x_i \in X_n} \| x_{n+1}^{(j)} - x_i \|_2, \tag{3.37}$$

其中 $\| \cdot \|_2$ 表示 Euclidean 距离。若在 $\{x_{n+1}^{(1)}, \cdots, x_{n+1}^{(l)}\}$ 中仍有多个设计点满足准则（3.37）式，则此时只需任选一个节点即可，见例 3.4。需要说明的是，本书的初始设计点通常选为区域 D 的中心。

3.4 基于序贯设计求解退化核 Fredholm 方程的最小范数解

根据上一节的序贯选点策略，还可对第 2 章第一节的退化核方程做进一步研究。假设积分方程（3.1）式是一个可解退化核方程，则证明了通过序贯选点策略必在 m（退化核项数）步内必能获得其最小范数解析解。

推论 3.1 若可解退化核方程（3.1）式满足（3.20）式，则

$$\bar{f}_n^\dagger(t) = \boldsymbol{B}_m^T(t)\boldsymbol{A}^\dagger\boldsymbol{K}_X^\dagger\boldsymbol{Y}, \tag{3.38}$$

$$\bar{g}_n(x) = \boldsymbol{A}_m^T(x)\boldsymbol{B}\boldsymbol{A}^\dagger\boldsymbol{K}_X^\dagger\boldsymbol{Y}, \tag{3.39}$$

$$V[\bar{f}_n^\dagger(t)] = \boldsymbol{Q}\boldsymbol{B}_m^T(t)\boldsymbol{B}^{-1}\boldsymbol{Q}\boldsymbol{B}_m(\boldsymbol{t}) - (\boldsymbol{A}^\dagger\boldsymbol{A}\boldsymbol{B}_m(\boldsymbol{t}))^T\boldsymbol{B}^{-1}\boldsymbol{A}^\dagger\boldsymbol{A}\boldsymbol{B}_m(\boldsymbol{t}), \tag{3.40}$$

$$V[\bar{g}_n(x)] = \boldsymbol{A}_m^T(\boldsymbol{x})\boldsymbol{B}[\boldsymbol{B}^{-1} - \boldsymbol{A}^\dagger\boldsymbol{K}_X^\dagger\boldsymbol{A}]\boldsymbol{B}\boldsymbol{A}_m(\boldsymbol{x}), \tag{3.41}$$

其中 $\boldsymbol{B}_m(\boldsymbol{t})=(b_1(t),\ \cdots,\ b_m(t))^T$，$\boldsymbol{A}_m(\boldsymbol{x})=(a_1(x),\ \cdots,\ a_m(x))^T$，$b_{ij}=\int_E b_i(t)b_j(t)\mathrm{d}t$，$\boldsymbol{B}=(b_{ij})_{mm}$，$\boldsymbol{Q}=\boldsymbol{L}^\dagger\boldsymbol{L}$，$\boldsymbol{A}^T$ 是 $\boldsymbol{A}=(\boldsymbol{A}_m(\boldsymbol{x}_1),\ \cdots,\ \boldsymbol{A}_m(\boldsymbol{x}_n))^T$ 的共轭矩阵。

证明： 根据再生核的构造，可得 $k(x,\ x')=A_m^T(x)BA_m(x')$，从而

$$\boldsymbol{K}_{XX}=\boldsymbol{ABA}^T.$$

$$\boldsymbol{K}_{XX}^\dagger=(\boldsymbol{A}^\dagger)^T\boldsymbol{B}^{-1}\boldsymbol{A}^\dagger.$$

因为 $h(x,\ t)=\boldsymbol{B}_m^T(t)\boldsymbol{A}_m(\boldsymbol{x})$，所以 $\boldsymbol{K}_{xX}^T=\boldsymbol{LH}_{tX}^T=\boldsymbol{A}_m^T(\boldsymbol{x})\boldsymbol{BA}^T$，从而可得

$$L^\dagger\boldsymbol{K}_{xX}^T=\boldsymbol{H}_{tX}^T=\boldsymbol{B}_m^T(\boldsymbol{t})\boldsymbol{A}^T,$$

$$L^\dagger\boldsymbol{A}_m^T(\boldsymbol{x})=L^\dagger L\boldsymbol{B}_m^T(\boldsymbol{t})\boldsymbol{B}^{-1}.$$

因此，根据（3.23）式和（3.24）式，可得

$$\bar{f}_n^\dagger(t)=\boldsymbol{B}_m^T(\boldsymbol{t})\boldsymbol{A}^\dagger\boldsymbol{K}_X^\dagger\boldsymbol{Y},$$

$$V[\bar{f}_n^\dagger(t)]=\boldsymbol{L}^\dagger\boldsymbol{LB}_m^T(\boldsymbol{t})\boldsymbol{B}^{-1}\boldsymbol{L}^\dagger\boldsymbol{LB}_m(\boldsymbol{t})-(\boldsymbol{A}^\dagger\boldsymbol{AB}_m(\boldsymbol{t}))^T\boldsymbol{B}^{-1}\boldsymbol{A}^\dagger\boldsymbol{AB}_m(\boldsymbol{t}).$$

类似地，由（3.25）式和（3.26）式，可得

$$\bar{g}_n(x)=\boldsymbol{A}_m^T(\boldsymbol{x})\boldsymbol{BA}^\dagger\boldsymbol{K}_X^\dagger\boldsymbol{Y},$$

$$V[\bar{g}_n(x)]=\boldsymbol{A}_m^T(\boldsymbol{x})[\boldsymbol{B}-\boldsymbol{BA}^\dagger\boldsymbol{K}_X^\dagger\boldsymbol{AB}]\boldsymbol{A}_m(\boldsymbol{x}).$$

至此已完成推论 3.1 的证明。□

此外，推论 3.1 可从最小化“损失函数”的角度进行解释。在条件（3.20）式下，希望找到一个解 $f(t)=B_m^T(t)C$ 能同时最小化

$$\sum_{i=1}^n\left(\int_E h(x_i,\ t)f(t)\mathrm{d}t-y_i\right)^2+\|C\|_2^2, \tag{3.42}$$

其中 C 为待估计参数。最小化（3.42）式的第一部分可得

$$\boldsymbol{C}=\boldsymbol{B}^{-1}\boldsymbol{A}^\dagger\boldsymbol{Y},$$

最小化第二部分可知 C 是唯一的，且有如下表达

$$\boldsymbol{C}=\boldsymbol{A}^\dagger\boldsymbol{K}_X^\dagger\boldsymbol{Y}.$$

因此，最小范数解（3.38）式可通过最小化（3.42）式得到，从另一角度说明它是一种特殊的最小二乘解。

推论 3.2 若退化核方程（3.1）式是可解的，且满足 $|K_{XX}|\neq 0$，则

$$\bar{f}_m^\dagger(t)=\boldsymbol{B}_m^T(\boldsymbol{t})\boldsymbol{B}^{-1}\boldsymbol{A}^{-1}\boldsymbol{Y},$$

$$\bar{g}_m(x)=g(x)=\boldsymbol{A}_m^T(\boldsymbol{x})\boldsymbol{A}^{-1}\boldsymbol{Y},$$

$$V[\bar{f}_m^\dagger(t)]=V[\bar{g}_m(x)]=0.$$

其中 $|\boldsymbol{K}_{XX}|$ 表示 $\boldsymbol{K}_{XX}$ 的行列式。

证明： 根据 $|\boldsymbol{K}_{XX}| \neq 0$ 可知，$\boldsymbol{A}$ 是可逆的，即 $\boldsymbol{A}^{\dagger} = \boldsymbol{A}^{-1}$。此时，$\boldsymbol{L}^{\dagger}\boldsymbol{L} = \boldsymbol{I}$，$\boldsymbol{A}^{\dagger}\boldsymbol{A} = \boldsymbol{I}_m$，其中 $\boldsymbol{I}$ 和 $\boldsymbol{I}_m$ 分别表示恒等算子和恒等矩阵。通过直接计算，推断 3.2 中的结论立即可得。□

附注 3.4 推论 3.2 可作为推论 3.1 的特殊情况，它从两个方面对推论 3.2 进行改进。一方面，推论 3.1 不需要插值点满足 $|\boldsymbol{K}_{XX}| \neq 0$；另一方面，也不需要插值点数满足 $n = m$，它仅需序贯地最小化最大不确定性 $V[\bar{g}_n(x)]$ 产生设计点，直到满足

$$\mathrm{rank}(\boldsymbol{K}_{XX}) = m$$

就可获得退化核方程的最小范数解。

3.5 算例分析

3.5.1 退化核 Fredholm 方程的序贯选点过程

例 3.2 讨论如下第一类 Fredholm 积分方程[146]

$$\int_0^{\frac{1}{2}} e^{x-2t} u^2(t)\,\mathrm{d}t = \frac{1}{2}e^x, \tag{3.43}$$

的最小范数解。

记 $f(t) = u^2(t)$。注意到方程（3.43）式是一个退化核方程且 $m = 1$，根据推论 3.1 可知，只需 1 个插值点就能获取方程（3.43）式的解析解。由（3.39）式可知

$$\bar{g}(x) = e^x e^{-x_1} y_1 = \frac{1}{2}e^x \in R(L),$$

故方程（3.43）式是可解的。此时，任取初始点 $x_1 \in R$，令 $y_1 = \frac{1}{2}e^{x_1}$，有

$$\bar{f}_1^{\dagger}(t) = e^{-2t} \frac{4}{1 - e^{-2}} e^{-x_1} \frac{1}{2} e^{x_1} = \frac{2e^{-2t}}{1 - e^{-2}},$$

从而得到方程（3.43）式的最小范数解析解

$$\bar{u}_1^{\dagger}(t) := \pm\sqrt{\bar{f}_1^{\dagger}(t)} = \pm\sqrt{\frac{2e^{-2t}}{1 - e^{-2}}}.$$

此外，此方程还存在其他形式的解析解

$$u_1(t)=\pm\frac{2}{2-5e^{-1}}t,\ u_2(t)=\pm e^t,\ u_3(t)=\pm 2\sqrt{3}te^t,$$

$$u_4(t)=\pm 4\sqrt{5}t^2e^t,\ u_5(t)=\pm\frac{e^{2t}}{\sqrt{e-1}},$$

它们相应的 L^2 - 范数见表 3.2，其中 $\bar{u}_1^\dagger(t)$ 具有最小范数。

表 3.2 解析解的 L^2 - 范数

解析解	$u_0(t)$	$u_1(t)$	$u_2(t)$	$u_3(t)$	$u_4(t)$	$u_5(t)$	$\bar{u}_1^\dagger(t)$
L^2 - 范数	0.908	1.019	0.927	1.038	1.078	0.964	0.855

例 3.3 求解如下二维 Fredholm 方程[146]

$$\int_0^1\int_0^1 e^{x+y+s+t}f(s,t)\,\mathrm{d}s\mathrm{d}t=\frac{1}{2}(e^2-1)\,e^{x+y}. \tag{3.44}$$

方程（3.44）式是退化核方程且 $m=1$，根据推论 3.1 可知，只需 1 个插值点就能获得最小范数解。由（3.18）式得

$$\bar{g}_1(x,y)=\frac{e^2-1}{2}e^{x+y}=\frac{2}{e^2-1}k(x+y,0)\in R(L),$$

即方程（3.44）式是可解的。令 $z_1=\frac{e^2-1}{2}e^{x_1+y_1}$，根据推论 3.1，可知

$$\bar{f}_1^\dagger(s,t)=e^{s+t}\frac{4}{(e^2-1)^2}e^{-x_1-y_1}z_1=\frac{2e^{s+t}}{e^2-1},$$

与例 2.4 的结果一样。此外，方程（3.44）式也存在其他形式的解析解

$$f_1(s,t)=se^t,\ f_2(s,t)=te^s,$$

$$f_3(s,t)=(e^2-1)e^{-(s+t)}/2,\ f_4(s,t)=(e^2-1)te^{-s}/2,$$

$$f_5(s,t)=(e^2-1)se^{-t}/2,\ f_6(s,t)=(e+1)e^{-s}/2,$$

$$f_7(s,t)=(e+1)e^{-t}/2,\ f_8(s,t)=(\coth 2^{-1})/2,$$

相应地，L^2 - 范数见表 3.3，其中 $\bar{f}_1^\dagger(s,t)$ 具有最小范数。

表 3.3 解析解的 L^2 - 范数

解析解	f_1	f_2	f_3	f_4	f_5	f_6	f_7	f_8	$\bar{f}_1^\dagger$
L^2 - 范数	1.032	1.032	1.381	1.213	1.213	1.222	1.222	1.082	1

例 3.4 应用最优序贯选点策略求解如下的 Fredholm 方程

$$\int_0^{\pi} \cos(x-t)f(t)\mathrm{d}t = \frac{\pi}{2}\cos x, \tag{3.45}$$

它有解析解 $f(t)=\cos t$。

在上一章中，例 2.3 可通过算子型最小范数解（2.25）式得到 Fredholm 方程（3.45）式的解析解。此外，根据推论 3.2，只需选取两个满足条件 $|K_{XX}|\neq 0$ 的设计点，就能获得方程（3.45）式的最小范数解。

在本例中，根据推论 3.1 可知，无需 $|K_{XX}|\neq 0$ 就能序贯地获得最小范数解。若设计点 (x_1, y_1) 和 (x_2, y_2) 满足

$$|K_{XX}| = \frac{\pi}{2}\sin^2(x_2 - x_1) = 0,$$

即存在 $l\in N$ 有 $x_2 = x_1 + l\pi$. 根据（3.38）式和（3.41）式，可知

$$\bar{f}_2^{\dagger}(t) = \cos^2 x_1 \cos t + \sin x_1 \cos x_1 \sin t, \tag{3.46}$$

$$V[\bar{g}_2(x)] = \frac{\pi}{2}\left[\sin^2 x_1 \cos^2 x - \frac{\sin 2x_1}{2}\sin 2x + \cos^2 x_1 \sin^2 x\right]. \tag{3.47}$$

因为 2π 是自由项 $\pi/2\cos x$ 和解析解 $\cos t$ 的最小周期，所以可设 $D=[0, 2\pi]$。若设 $x_1=\pi/4$，则可获得两个设计点 $(\pi/4, \sqrt{2}\pi/4)$ 和 $(5\pi/4, -\sqrt{2}\pi/4)$，且满足 $|K_{XX}|=0$。将设计点代入（3.46）式和（3.47）式，可得

$$\bar{f}_2^{\dagger}(t) = 1/2\cos t + 1/2\sin t,$$

$$V[\bar{g}_2(x)] = \pi/4(1-\sin 2x),$$

但 $\bar{f}_2^{\dagger}(t)$ 不是最小范数解，还需序贯加点。

由最优序贯选点策略，可获得 Fredholm 方程（3.45）式的解析解，如图 3.1 所示。在（a）中，初始设计点 $\{\pi/4, 5\pi/4\}$（黑色 * 点）满足 $\mathrm{rank}(K_{XX})=1<2$。在（b）中，插值解 $\bar{f}_2^{\dagger}(t)$ 有较差的逼近效果，需序贯加点。在（c）中，最小化最大不确定性 $V[\bar{g}_2(x)]$，可得新的序贯设计点 $3\pi/4$（红色 * 点），此时设计点 $\{\pi/4, 3\pi/4, 5\pi/4\}$ 满足 $\mathrm{rank}(K_{XX})=m=2$，$V[\bar{g}_3(x)]=0$。在（d）中，$\bar{f}_3^{\dagger}(t)=f^{\dagger}(t)=\cos t$，序贯过程终止。

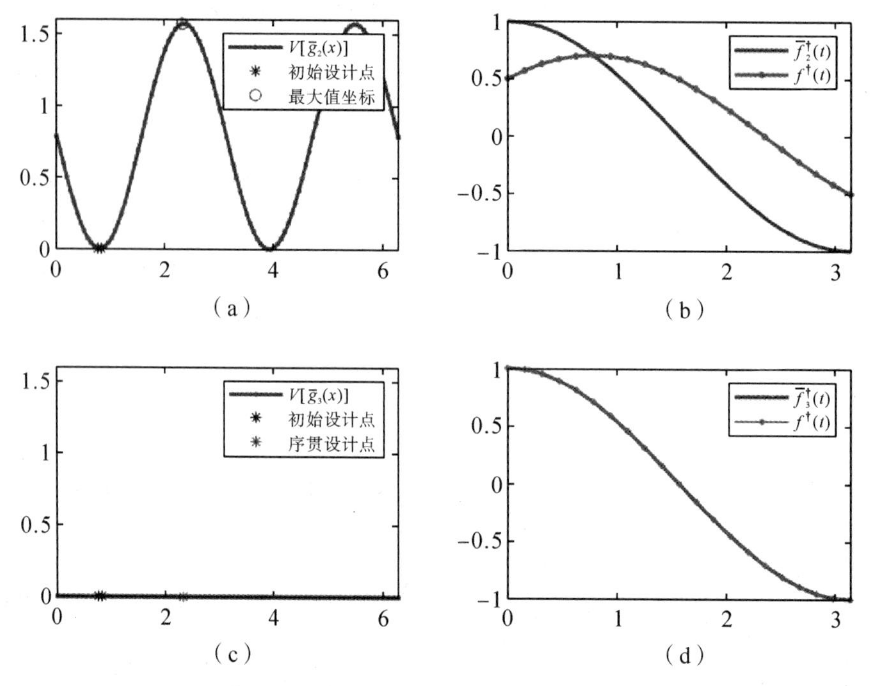

(a) (b) (c) (d)

图 3.1　连续退化核方程的序贯选点过程

3.5.2　非退化核 Fredholm 方程的序贯选点过程

例 3.5　应用最优序贯选点策略求解如下 Fredholm 方程[97,147-149,154]

$$\int_0^1 e^{xt} f(t)\,dt = \frac{e^{x+1}-1}{x+1},\ 0 \leqslant x \leqslant 1, \tag{3.50}$$

它有最小范数解 e^t，见例 2.5。

作为经典算例，直接对例 3.5 中的积分区域进行插值，得到一个矩阵方程，其解可能不稳定，产生较大的条件数，如例 3.1 所述。根据本书的最优序贯选点策略，此例表明该方法能获得稳定的插值解。

根据例 2.5 可知

$$k(x,\ x') = \frac{e^{x+x'}-1}{x+x'},\ x,\ x' \in [0,\ 1]. \tag{3.51}$$

对于初始设计点 $x_1 = 1/2$，有 $g(1/2) = k(1,\ 1/2)$. 由（3.19）式和（3.23）式可知

$$\bar{f}_1^\dagger(t) = e^{t/2}\frac{k(1,\ 1/2)}{k(1/2,\ 1/2)},\ V[\bar{g}_1(x)] = k(x,\ x) - \frac{k(1/2,\ x)^2}{k(1/2,\ 1/2)},$$

且上式在 1 处取得最大值，即新的设计点 $x_2 = 1$。此时

$$\bar{f}_2^{\dagger}(t)=\begin{bmatrix} e^{t/2} \\ e^{t} \end{bmatrix}^{\top} \begin{bmatrix} k(1/2,1/2) & k(1,1/2) \\ k(1,1/2) & k(1,1) \end{bmatrix}^{-1} \begin{bmatrix} k(1,1/2) \\ k(1,1) \end{bmatrix},$$

$$V[\bar{g}_2(x)]=k(x,x)-\begin{bmatrix} k(1/2,x) \\ k(1,x) \end{bmatrix}^{\top} \begin{bmatrix} k(1/2,1/2) & k(1,1/2) \\ k(1,1/2) & k(1,1) \end{bmatrix}^{-1} \begin{bmatrix} k(1/2,x) \\ k(1,x) \end{bmatrix}.$$

图 3. 2 展示了例 3. 5 的最优序贯选点过程。在（a）中，对于初始设计点 $x_1 = 1/2$，后验方差 $V[\bar{g}_1(x)]$ 表现出较大的不确定性。在（b）中，插值解 $\bar{f}_1^{\dagger}$ 有较差的逼近效果，需要进行序贯加点。在（c）中，加入新的设计点 $x_2 = 1$ 后，$V[\bar{g}_2(x)]$ 已达到 10^{-4} 量级。在（d）中，$\bar{f}_2^{\dagger}$ 与 $f^{\dagger}$ 的绝对误差已达到 10^{-14} 量级，故无需再最小化 $V[\bar{g}_2(x)]$，序贯过程终止。

此例仅需序贯 1 次就可获得较为精确的插值解，此时

$$cond(K_{XX}) = 2.36 \times 10^{2},$$

表明在最优序贯选点策略下，$\bar{f}_n^{\dagger}$ 是一种稳定的插值解。

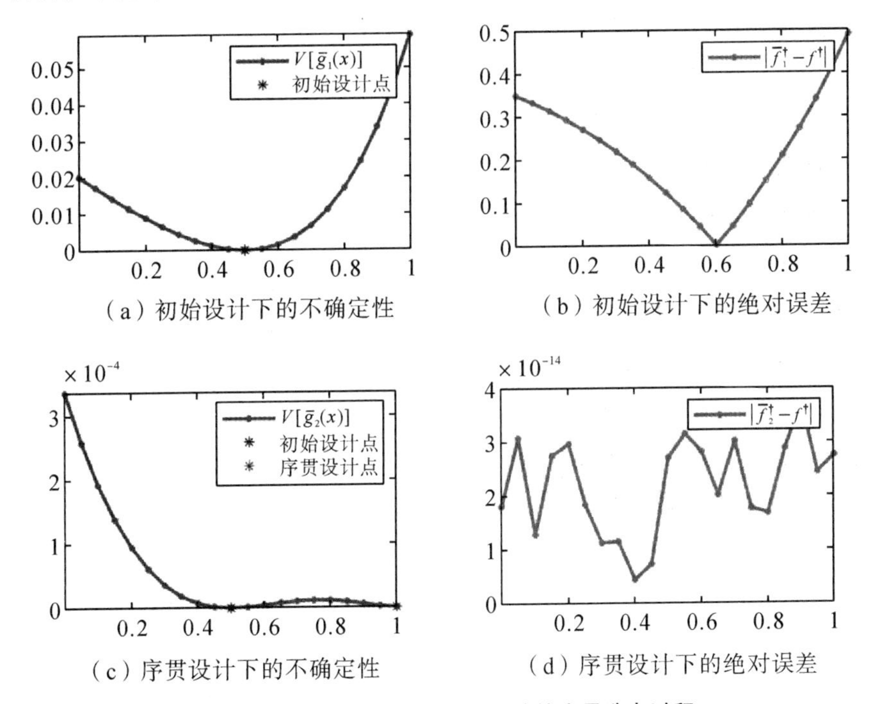

（a）初始设计下的不确定性　（b）初始设计下的绝对误差

（c）序贯设计下的不确定性　（d）序贯设计下的绝对误差

图 3. 2　连续非退化核积分方程的的序贯选点过程

例 3.6 讨论如下 Fredholm 方程[155]

$$\int_0^1 h(x, t)f(t)\,\mathrm{d}t = g(x), \tag{3.52}$$

其中积分核和自由项分别为

$$h(x, t) = \begin{cases} x(1-t), & 0 \leqslant x \leqslant t \leqslant 1 \\ t(1-x), & 0 \leqslant t < x \leqslant 1 \end{cases},$$

$$g(x) = \frac{25}{1\,008}x(x-1)(-17-17x+11x^2+11x^3-3x^4-3x^5+x^6),\ x \in [0,1],$$

此方程存在如下的解析解

$$f^{\dagger}(t) = -\frac{25}{18}t(t-1)(3+3t-2t^2-2t^3+t^4).$$

在此例中，本书使用最小范数插值解（3.23）式进行求解，因此需要算出值域空间的再生核 $k(x, x')$。根据（2.17）式可得

$$k(x,x') = \begin{cases} x^3yy'/3+xx'y'^3/3+y'x[3(x')^2-3x^2-2(x')^3+2x^3]/6, & x \leqslant x' \\ x'^3yy'/3+xx'y^3/3+yx'[3(x)^2-3x'^2-2(x)^3+2x'^3]/6, & x' < x \end{cases},$$

其中 $y = 1-x$，$y' = 1-x'$.

此时，可采用（3.23）式和（3.19）式序贯地求出积分方程（3.52）式的最小范数插值解。选取初始设计点 $x_1 = 0.5$ 后，通过最小化最大不确定性 $V[\bar{g}_n(x)]$ 可得序贯设计点，如图 3.4 所示。相对均匀设计，序贯设计可充分使用 Fredholm 方程的积分核，而均匀设计却完全独立于积分核。

事实上，序贯选点策略属于一种贪婪算法，每次都最小化最大不确定性，所以在插值点数较小时，相对均匀设计表现出更小的绝对误差，如图 3.3 所示。当序贯次数足够多后，将失去序贯的意义，此时插值解（3.23）式在两种设计上将表现出几乎一致的绝对误差。

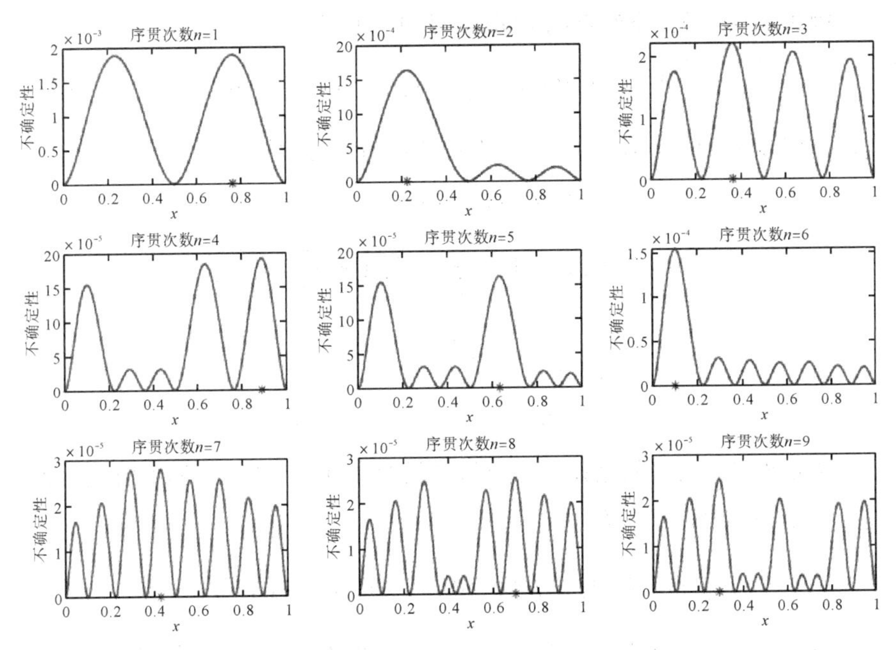

图 3.3　分段非退化核积分方程的序贯选点过程

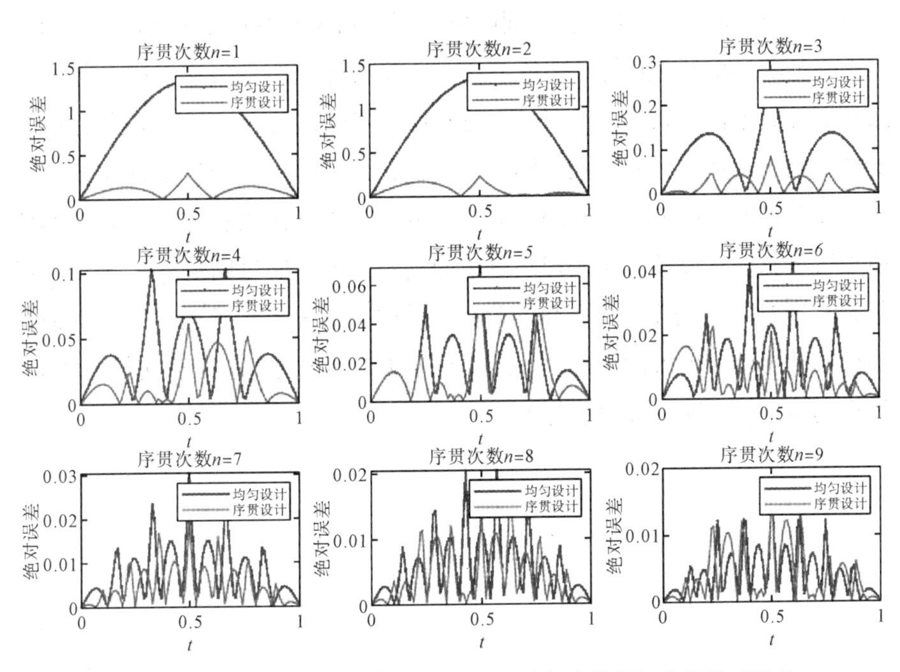

图 3.4　最小范数插值解 $\overline{f}_n^{\dagger}(t)$ 在均匀设计与序贯设计上的绝对误差

例 3.7 考虑如下经典的 Phillips 积分方程[75,156-157]

$$\int_{-6}^{6} h(x, t) f(t) \mathrm{d}t = g(x), \quad -6 \leqslant x \leqslant 6, \tag{3.53}$$

其积分核 $h(x, t)$ 、自由项 $g(x)$ 及解析解 $f(t)$ 分别为

$$h(x, t) = f(x - t),$$

$$g(x) = (6 - |x|)\left(1 + \frac{1}{2}\cos\frac{\pi x}{3}\right) + \frac{9}{2\pi}\sin\frac{\pi |x|}{3},$$

$$f(t) = \begin{cases} 1 + \cos\dfrac{\pi t}{3}, & |t| < 3, \\ 0, & |t| \geqslant 3. \end{cases}$$

在此例中，若将初始设计点选为区间的中点 $x = 0$，则插值解（3.23）式恰好在 $x = 0$ 处获得解析解，即

$$\bar{f}_1^{\dagger}(t) = h(0, t) k(0, 0)^{-1} g(0) = 1 + \cos\frac{\pi t}{3}.$$

为了一般化地讨论，可将初始设计点选为中点附近的点进行序贯，如 $x = \pm 1$。若选取 $x_1 = -1$，在不同阈值 η 下，图 3.5 展示最小化最大不确定性 $V[\bar{g}_n(x)]$ 可序贯地获得插值节点。若序贯插值节点较多，则可能会导致核矩阵的条件数较大，此时可设置阈值，将核矩阵较小的特征值变为 0，保证解的稳定性。此时，插值解（3.23）式将从插值解变为非插值解。

图 3.6 展示插值解（3.23）式在不同设计上的绝对误差。在较少的插值点数下，序贯设计方法表现出更小的绝对误差。通过阈值 η 的设置，插值解（3.23）式表现出正则化的效果，其中阈值 $\eta = 10^{-3}$ 时，既能保证解的稳定性也能保证解的精确性。图 3.6 表明，阈值越大，不确定性也越大，解也越稳定，但逼近效果也越差。

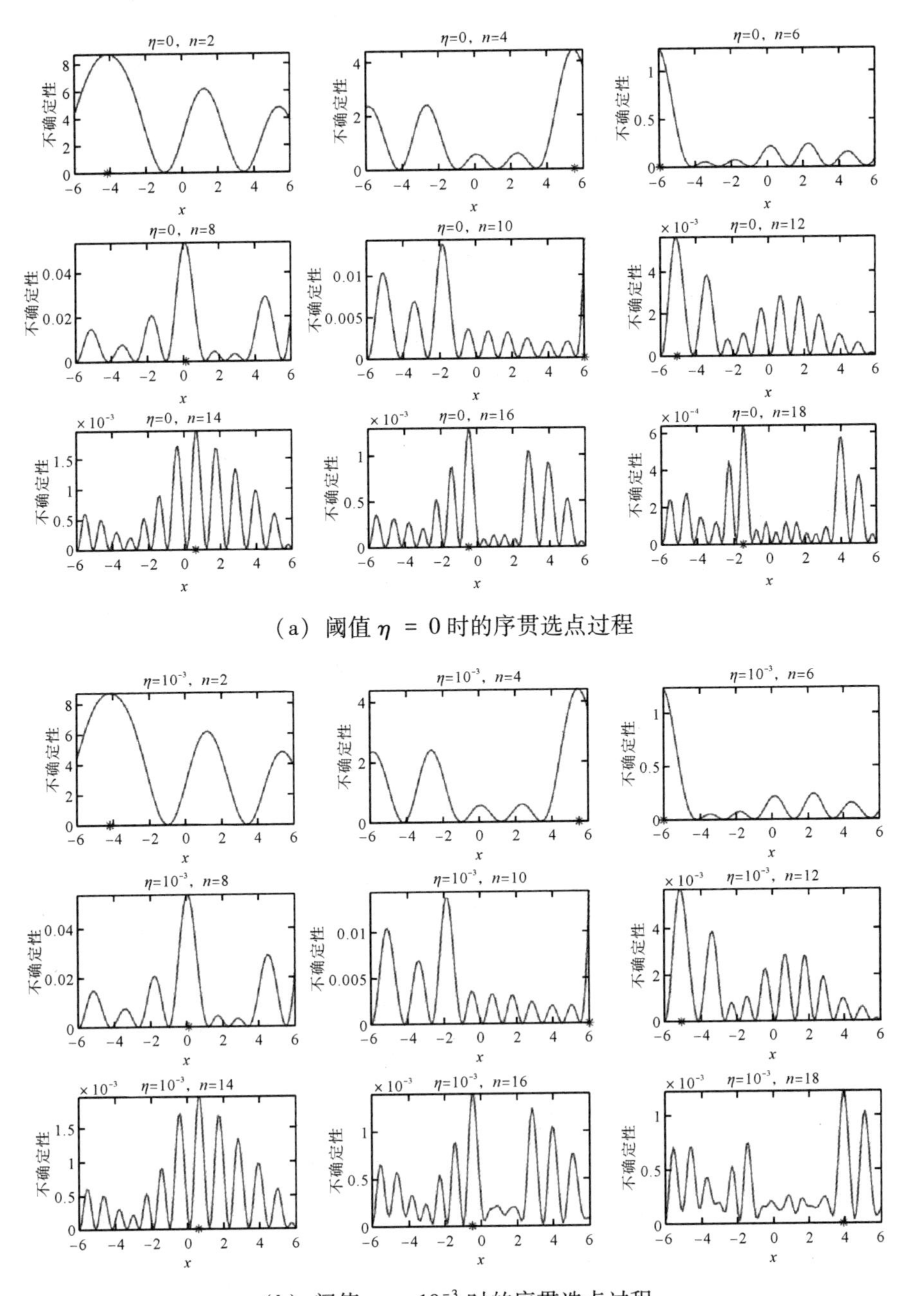

（a）阈值 $\eta = 0$ 时的序贯选点过程

（b）阈值 $\eta = 10^{-3}$ 时的序贯选点过程

图 3.5　在不同阈值下的序贯选点过程

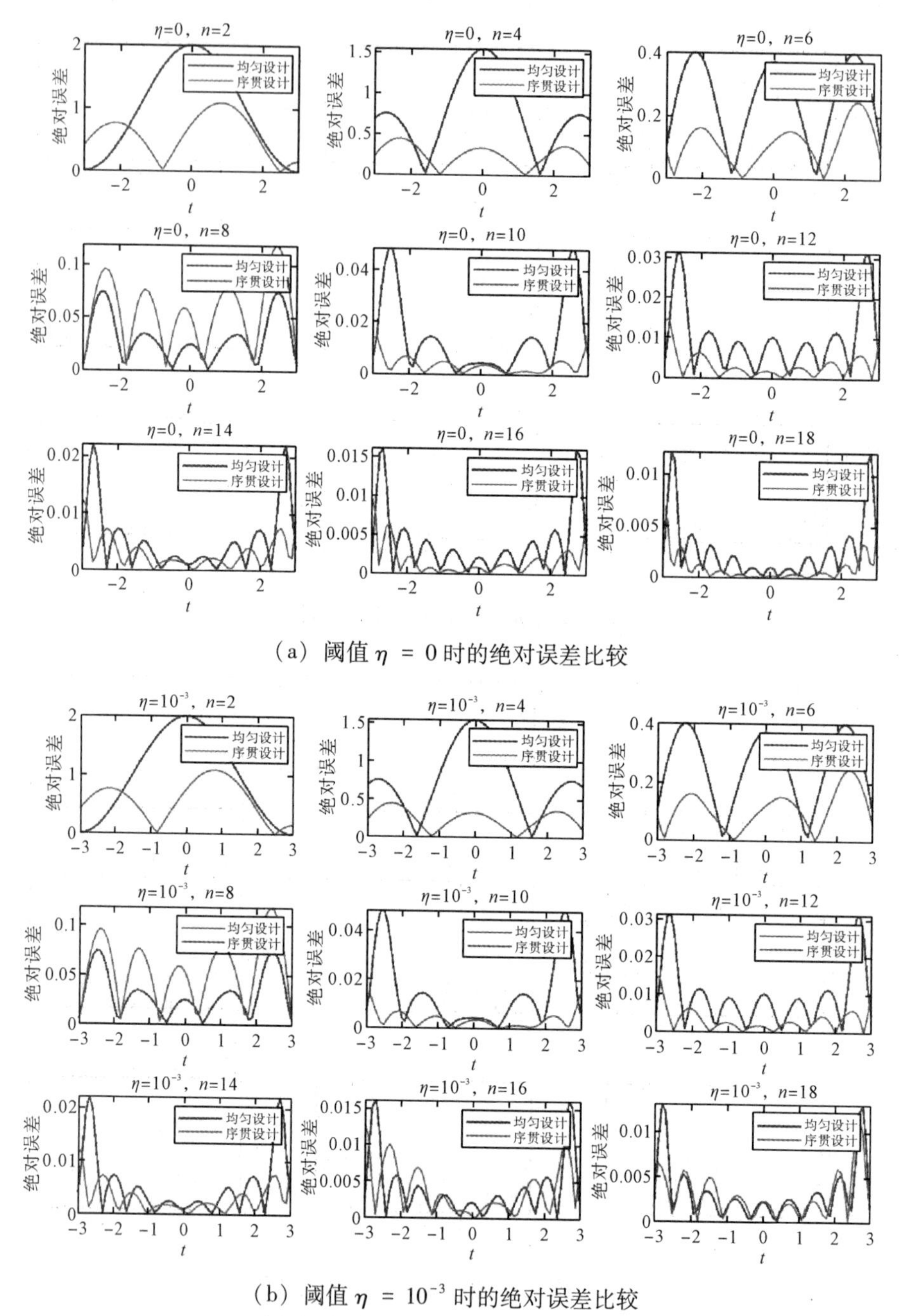

(a) 阈值 $\eta = 0$ 时的绝对误差比较

(b) 阈值 $\eta = 10^{-3}$ 时的绝对误差比较

图 3.6　最小范数插值解 $\bar{f}_n^{\dagger}(t)$ 在均匀设计与序贯设计上的绝对误差

3.6 小结

基于 Kriging 插值代理模型，本章获得了 Fredholm 方程的最小范数插值解及其不确定性估计，对标地解决了算子型最小范数解析解可能存在的再生核演算困难的问题。此外，通过最小化最大不确定性 $V[\bar{g}_n(x)]$，本章提出最优序贯选点策略，并证明了退化核方程必在 m（退化核项数）步内获得其最小范数解析解。综上所述，本章所有结果可总结如表 3.4 所示。

表 3.4　基于 Kriging 插值模型的最小范数插值解

可解性	解空间	主要内容	
可解方程	RKHSH_Q	$\bar{f}_n^\dagger(t)=\boldsymbol{\eta}_{tX}^T\boldsymbol{K}_{XX}^\dagger\boldsymbol{Y}$	定理 3.1
	$L^2(E)$	$V[\bar{f}_n^\dagger(t)]=\langle h_t^*, h_t^*\rangle_{H_k}-\boldsymbol{H}_{tX}^T\boldsymbol{K}_{XX}^\dagger\boldsymbol{H}_{tX}$	定理 3.1
	RKHS$H_Q/L^2(E)$	$\bar{f}_n^\dagger(t)=\boldsymbol{H}_{tX}^T\boldsymbol{K}_{XX}^\dagger\boldsymbol{Y}$	定理 3.1
		$V[\bar{f}_n^\dagger(t)]=\langle h_t^*, h_t^*\rangle_{H_k}-\boldsymbol{H}_{tX}^T\boldsymbol{K}_{XX}^\dagger\boldsymbol{\eta}_{tX}$	定理 3.1
		$\lim\limits_{h_{X_n}\to 0}\Vert\bar{f}_n^\dagger-f^\dagger\Vert_H=0$	定理 3.2
不可解方程	RKHS$H_Q/L^2(E)$	$\lim\limits_{h_{X_n}\to 0}\Vert f^\dagger\Vert_H=+\infty$	推论 3.1
退化核方程	RKHS$H_Q/L^2(E)$	$\bar{f}_n^\dagger(t)=\boldsymbol{B}_m^T(\boldsymbol{t})\boldsymbol{A}^\dagger\boldsymbol{A}\boldsymbol{B}^{-1}\boldsymbol{A}^\dagger\boldsymbol{Y}$	推论 3.1
		$V[\bar{f}_n^\dagger(t)]=\boldsymbol{L}^\dagger\boldsymbol{L}\boldsymbol{B}_m^T(t)\boldsymbol{B}^{-1}\boldsymbol{L}^\dagger\boldsymbol{L}\boldsymbol{B}_m(t)-(\boldsymbol{A}^\dagger\boldsymbol{A}\boldsymbol{B}_m(\boldsymbol{t}))^T\boldsymbol{B}^{-1}\boldsymbol{A}^\dagger\boldsymbol{A}\boldsymbol{B}_m(\boldsymbol{t})$	推论 3.1

4 基于高斯过程回归模型的最小范数正则解

基于 Kriging 插值模型，上一章节已获得多种形式的最小范数插值解及其不确定性估计。考虑到实际问题中的观测数据通常存在误差，虽然经典的 Tikhonov 正则化方法已对此问题作了若干研究，并获得了一类闭形式的正则解，但是该方法需事先已知误差水平才能估计正则化参数。

Tikhonov 正则化方法并不适用于处理某些奇异的观测数据，因此本书假设观测数据服从某个正态分布，不再考虑误差水平的界限问题。本书首先根据高斯过程回归模型，得到观测数据的预测函数及其预测方差。其次，本书根据 H-Hk 结构，获得多种形式的最小范数正则解及其不确定性估计。最后，本书讨论了收敛性问题及正则化参数选取问题。

4.1 正则化方法

在 Tikhonov 正则化方法[73,158-159]中，通常假设观测数据满足

$$y_i = g(x_i) + \varepsilon_i,\ i = 1,\ \cdots,\ n. \tag{4.1}$$

此外，还需假设误差 ε_i 是有界的，即 $\frac{1}{n}\sum_{i=1}^{n}\varepsilon_i^2 \leqslant \delta$，其中 δ 表示误差水平。此时，可通过最小化泛函

$$\min_{f\in H}\left\{\frac{1}{n}\sum_{i=1}^{n}\ [L(f)(x_i) - y_i]^2 + \lambda\ \|f\|_H^2\right\},$$

得到如下形式的最小范数解

$$f_{n,\lambda}(t) = (\eta_{x_1}(t),\ \cdots,\ \eta_{x_n}(t))\ (\boldsymbol{K}_{XX} + n\lambda \boldsymbol{I}_n)^{-1}\boldsymbol{Y}, \tag{4.2}$$

其中 $\boldsymbol{X}=(x_1, \cdots, x_n)^T$，$\boldsymbol{Y}=(y_1, \cdots, y_n)^T$ 和

$$\eta_x(t)=\begin{cases} h(x, t), & H=L^2(E), \\ \int_E h(x, s)Q(t, s)\mathrm{d}s, & H=H_Q. \end{cases} \tag{4.3}$$

此外，矩阵 $\boldsymbol{K}_{XX}$ 的 ij 元素 $k(x_i, x_j)$ 被定义如下

$$k(x, x')=\begin{cases} \int_E h(x, t)h(x', t)\mathrm{d}t, & H=L^2(E), \\ \int_E\int_E h(x, t)h(x', s)Q(s, t)\mathrm{d}s\mathrm{d}t, & H=H_Q. \end{cases} \tag{4.4}$$

4.2 高斯过程回归模型

高斯过程回归是一种经典的非参数代理模型，是贝叶斯线性回归的延展，可处理奇异的观测数据。在观测数据（4.1）式中，假设误差

$$\varepsilon_i \sim N(0, \sigma^2), \tag{4.5}$$

其中 σ^2 是未知参数。基于（4.1）式和（4.5）式，可对自由项 $g(x)$ 进行线性回归估计，即贝叶斯线性回归[112-113,129]。

4.2.1 贝叶斯线性回归

假设

$$g(x)=x^{\top}w, \quad y=g(x)+\varepsilon, \tag{4.6}$$

其中 $w\in R^n$ 为待估计的权重系数。对于给定的 X 和 w，响应 Y 可看作一个随机变量，其分布可表示为

$$\begin{aligned} p(Y \mid \boldsymbol{X}, \boldsymbol{w}) &= \prod_{i=1}^{n} p(y_i \mid x_i, \boldsymbol{w}) \\ &= \prod_{i=1}^{n} \frac{1}{\sqrt{2\pi}\,\sigma}\exp\left(-\frac{(y_i - x_i^{\top}\boldsymbol{w})^2}{2\sigma^2}\right) \\ &= \frac{1}{(2\pi\sigma^2)^{n/2}}\exp\left(-\frac{1}{2\sigma^2}\| \boldsymbol{Y}-\boldsymbol{X}^{\top}w \|^2\right) \\ &= N(\boldsymbol{X}^{\top}\boldsymbol{w}, \sigma^2 I_n) \end{aligned}$$

其中 $\| \boldsymbol{Y}-\boldsymbol{X}^{\top}\boldsymbol{w} \|$ 表示向量 $\boldsymbol{Y}-\boldsymbol{X}^{\top}\boldsymbol{w}$ 的欧氏范数[160]。对于先验信息 $\boldsymbol{w}$，通常也假设其服从正态分布[129]

$$\boldsymbol{w} \sim N\left(0,\ \sum\nolimits_p\right), \tag{4.7}$$

其中 $\sum_p$ 为先验协方差矩阵。根据贝叶斯公式[129]

$$p(w \mid Y,\ X)=\frac{p(\boldsymbol{Y} \mid \boldsymbol{X},\ \boldsymbol{w})p(\boldsymbol{w})}{p(\boldsymbol{Y} \mid \boldsymbol{X})}, \tag{4.8}$$

可知 w 的后验分布满足

$$\begin{aligned} p(\boldsymbol{w} \mid \boldsymbol{X},\ \boldsymbol{Y}) &\propto \exp\left(-\frac{1}{2\sigma_n}(\boldsymbol{Y}-\boldsymbol{X}^{\top}\boldsymbol{w})^{\top}(\boldsymbol{Y}-\boldsymbol{X}^{\top}\boldsymbol{w})\right)\exp\left(-\frac{1}{2}\boldsymbol{w}^{\top}\sum\nolimits_p^{-1}\boldsymbol{w}\right) \\ &\propto \exp\left(-\frac{1}{2}(\boldsymbol{w}-\overline{\boldsymbol{w}})^{\top}\left(\frac{1}{\sigma^2}\boldsymbol{X}\boldsymbol{X}^{\top}+\sum\nolimits_p^{-1}\right)(\boldsymbol{w}-\overline{\boldsymbol{w}})\right), \end{aligned} \tag{4.9}$$

其中 $p(\boldsymbol{Y} \mid \boldsymbol{X})=\int p(\boldsymbol{Y} \mid \boldsymbol{X},\ \boldsymbol{w})p(\boldsymbol{w})\mathrm{d}\boldsymbol{w}$，$\overline{\boldsymbol{w}}=\left(\boldsymbol{X}\boldsymbol{X}^{\top}+\boldsymbol{\sigma}^2\sum_p^{-1}\right)^{-1}\boldsymbol{X}\boldsymbol{Y}$.

对比（4.9）式可知权重系数 w 的分布如下：

$$p(w \mid \boldsymbol{X},\ \boldsymbol{Y})=N\left(\overline{\boldsymbol{w}},\ \left(\sigma^{-2}\boldsymbol{X}\boldsymbol{X}^{\top}+\sum\nolimits_p^{-1}\right)^{-1}\right). \tag{4.10}$$

因此，可得无噪声下测试点 x_* 的预测分布

$$p(g(x_*) \mid x_*,\boldsymbol{X},\boldsymbol{Y})=$$
$$N\left(x_*^{\top}\left(\boldsymbol{X}\boldsymbol{X}^{\top}+\sigma^2\sum\nolimits_p^{-1}\right)^{-1}\boldsymbol{X}\boldsymbol{Y},x_*^{\top}\left(\sigma^{-2}\boldsymbol{X}\boldsymbol{X}^{\top}+\sum\nolimits_p^{-1}\right)^{-1}x_*\right).$$

在噪声（4.5）式下，在测试点 x_* 处的预测分布

$$p(y(x_*) \mid x_*,\boldsymbol{X},\boldsymbol{Y})=$$
$$N\left(x_*^{\top}\left(\boldsymbol{X}\boldsymbol{X}^{\top}+\sigma^2\sum\nolimits_p^{-1}\right)^{-1}\boldsymbol{X}\boldsymbol{Y},x_*^{\top}\left(\sigma^{-2}\boldsymbol{X}\boldsymbol{X}^{\top}+\sum\nolimits_p^{-1}\right)^{-1}x_*+\sigma^2\right).$$

4.2.2 高斯过程回归

贝叶斯线性回归可获得闭形式的预测均值和预测方差，可处理奇异观测数据，但其局限性在于预测均值是线性的。基于 H-Hk 结构，需将线性函数延拓为核基函数才能求解 Fredholm 方程，即需将贝叶斯线性回归延拓为高斯过程回归。

假设 $\varphi(x)$ 是一个从 n 维输入空间到 d 维特征空间的非线性函数。假设

$$g(x)=\varphi(x)^{\top}w,\quad y=g(x)+\varepsilon, \tag{4.11}$$

其中 $w \in R^d$ 仍为待估计的权重系数。类似于贝叶斯线性回归的推导过程，在测试点 x_* 处有

$$g(x_*) \mid x_*, \boldsymbol{X}, \boldsymbol{Y} \sim N\left(\sigma^{-2}\varphi_*^\top \sum^{-1} \Phi \boldsymbol{Y}, \boldsymbol{\varphi}_*^\top \sum^{-1} \boldsymbol{\varphi}_*\right), \quad (4.12)$$

其中 $\boldsymbol{\varphi}_* = \boldsymbol{\varphi}(\boldsymbol{x}_*)$，$\Phi = (\boldsymbol{\varphi}(\boldsymbol{x}_1), \boldsymbol{\varphi}(\boldsymbol{x}_2), \cdots, \boldsymbol{\varphi}(\boldsymbol{x}_n))$，$\sum = \sigma^{-2}\Phi\Phi^\top + \sum_p^{-1}$.

对于预测均值的化简，可借助恒等变形

$$\sum \sum_p \Phi = \sigma^{-2}\Phi\left(\Phi^\top \sum_p \Phi + \sigma^2 \boldsymbol{I}_n\right),$$

对上式分别乘 $\sum^{-1}$ 和 $\left(\Phi^\top \sum_p \Phi + \sigma^2 \boldsymbol{I}_n\right)^{-1}$ 可得

$$\sigma^{-2} \sum^{-1} \Phi = \sum_p \Phi \left(\Phi^\top \sum_p \Phi + \sigma^2 \boldsymbol{I}_n\right)^{-1}. \quad (4.13)$$

对于预测方差的化简，由 Woodbury 恒等式可知

$$\sum^{-1} = \sum_p - \sum_p \Phi \left(\Phi^\top \sum_p \Phi + \sigma^2 \boldsymbol{I}_n\right)^{-1} \Phi^\top \sum_p. \quad (4.14)$$

将（4.13）式和（4.14）式代入（4.12）式，均值和方差可表示为

$$\sigma^{-2}\boldsymbol{\varphi}_*^\top \sum^{-1} \Phi Y = \boldsymbol{\varphi}_*^\top \sum_p \Phi \left(\Phi^\top \sum_p \Phi + \sigma^2 \boldsymbol{I}_n\right)^{-1} Y,$$

$$\boldsymbol{\varphi}_*^\top \sum^{-1} \boldsymbol{\varphi}_* = \boldsymbol{\varphi}_*^\top \sum_p \boldsymbol{\varphi}_* - \boldsymbol{\varphi}_*^\top \sum_p \Phi \left(\Phi^\top \sum_p \Phi + \sigma^2 \boldsymbol{I}_n\right)^{-1} \Phi^\top \sum_p \varphi_*.$$

此时，权重系数 w 可被估计为

$$\bar{w} = \sum_p \Phi \left(\Phi^\top \sum_p \Phi + \sigma^2 \boldsymbol{I}_n\right)^{-1} \boldsymbol{Y}, \quad (4.15)$$

因此，在点 x 处有预测

$$\bar{g}_n(x) = \boldsymbol{\varphi}(\boldsymbol{x})^\top \bar{\boldsymbol{w}}. \quad (4.16)$$

现定义一个二元函数

$$k(x, x') = \boldsymbol{\varphi}(\boldsymbol{x})^\top \sum_p \boldsymbol{\varphi}(\boldsymbol{x}'), \quad (4.17)$$

根据 $\sum_p$ 的正定性，可将 $k(x, x')$ 看作一个内积。为便于叙述，本书称 $k(x, x')$ 为协方差函数或者核函数。记

$$\boldsymbol{K}_{xX}^\top := \boldsymbol{\varphi}^\top \sum_p \Phi = (k(x, x_1), k(x, x_2), \cdots, k(x, x_n)),$$

$$\boldsymbol{K}_{XX} := \Phi^\top \sum_p \Phi = (k(x_i, x_j))_{nn},$$

因此，预测均值和预测方差可进一步表示为

$$\sigma^{-2}\boldsymbol{\varphi}^\top \sum^{-1} \Phi \boldsymbol{Y} = \boldsymbol{K}_{x_*X}^\top (\boldsymbol{K}_{XX} + \sigma^2 \boldsymbol{I}_n)^{-1} \boldsymbol{Y}, \quad (4.18)$$

$$\boldsymbol{\varphi}^\top \sum^{-1} \boldsymbol{\varphi} = k(x, x) - \boldsymbol{K}_{xX}^\top (\boldsymbol{K}_{XX} + \sigma^2 \boldsymbol{I}_n)^{-1} \boldsymbol{K}_{xX}. \quad (4.19)$$

将（4.18）式和（4.19）式代入（4.12）式可得

$$g(x) \mid x, \boldsymbol{X}, \boldsymbol{Y} \sim N(\bar{g}(x), V[\bar{g}_n(x)]), \tag{4.20}$$

$$\bar{g}_n(x) = \boldsymbol{K}_{xX}^{\top} (\boldsymbol{K}_{XX} + \sigma^2 \boldsymbol{I}_n)^{-1} \boldsymbol{Y}, \tag{4.21}$$

$$V[\bar{g}_n(x)] = k(x, x) - \boldsymbol{K}_{xX}^{\top} (\boldsymbol{K}_{XX} + \sigma^2 \boldsymbol{I}_n)^{-1} \boldsymbol{K}_{xX}. \tag{4.22}$$

为体现（4.21）式与（4.22）式和（3.18）式与（3.19）式之间的联系，仍采用相同的记号，但它们之间存在本质区别（是否考虑误差）。

由于（4.21）式是响应 y_1，y_2，…，y_n 的线性组合，因此有时也将它看作响应的线性预测。然而从函数角度来看，它也是试验设计 x_1，x_2，…，x_n 处对应的核基函数 $k(x_1, x)$，$k(x_2, x)$，…，$k(x_n, x)$ 的线性组合，即

$$\bar{g}_n(x) = \sum_{i=1}^{n} \alpha_i k(x_i, x), \tag{4.23}$$

其中，$(\alpha_1, \alpha_2, \cdots, \alpha_n)^{\top} = (K_{XX} + \sigma^2 I_n)^{-1}$，这可弥补贝叶斯线性回归的不足。

由于（4.17）式中的矩阵 $\sum_p$ 是正定的，因此 $\sum_p = (\sum_p^{1/2})^2$。令 $\psi(x) = \sum_p^{1/2} \varphi(x)$，则（4.17）式中的核函数 $k(x, x')$ 可表示为

$$k(x, x') = \boldsymbol{\psi}(\boldsymbol{x}) \cdot \boldsymbol{\psi}(\boldsymbol{x}'). \tag{4.24}$$

根据核函数的严格定义，任意核函数都具有（4.24）式的形式，且（4.11）式中的函数 $\varphi(x)$ 是任意的，所以（4.17）式中的 $k(x, x')$ 可表示任意核函数。由于 $k(x, x')$ 蕴含了 x 和 x' 的相关关系，且在上述推导中均假设在任意试验设计 X_n 上的观测值 $\{g(x_1), g(x_2), \cdots, g(x_n)\}$ 都服从正态分布，因此观测数据服从高斯分布。

定义 4.1 假设 m：$D \to R$ 一个实值函数，k：$D \times D \to R$ 是一个核函数。若对 $\forall x_i \in D$，$1 \leqslant i \leqslant n$，$\forall n \in N$ 都有 $g_X = (g(x_1), g(x_2) \cdots, g(x_n))^T$ 服从一个正态分布，称 g：$D \to R$ 是带有均值为 m，方差为 k 的高斯过程，记

$$g \sim GP(m, k). \tag{4.25}$$

结合上述定义 4.1，可得命题 4.1[129,133,138,161-164]。

命题 4.1 假设 $g(x)$ 满足（4.1）式，（4.5）式和（4.25）式，则

$$g \mid X, Y \sim GP(\bar{g}_n, V[\bar{g}_n]),$$

其中 $\bar{g}_n$ 和 $V[\bar{g}_n]$ 分别如（4.21）式和（4.22）式所示。

此时，分别称（4.21）式和（4.22）式为 GPR 代理模型的预测均值和预测方差，它们除与观测数据有关外还与核函数有关。常见的核函数有

$$k_{m,c}(x, x') = (x^{\top}x' + c)^{m},$$

$$k_{\gamma}(x, x') = \exp(-\|x - x'\|^2/\gamma^2),$$

$$k_{\alpha,h}(x, x') = \frac{1}{2^{\alpha-1}\Gamma(\alpha)}\left(\frac{\sqrt{2\alpha}\|x - x'\|}{h}\right)^{\alpha} K_{\alpha}\left(\frac{\sqrt{2\alpha}\|x - x'\|}{h}\right),$$

其中 Γ 为 Gamma 函数，K_{α} 为 α 阶的修正 Bessel 函数。

4.3 Fredholm 方程的最小范数正则解及其不确定性估计

高斯过程回归代理模型，可用于求解 Fredholm 方程

$$\int_E h(x, t)f(t)\,\mathrm{d}t = g(x),\ x \in D. \tag{4.26}$$

此时，（4.1）式可被改写为

$$y_i = \int_E h(x_i, t)f(t)\,\mathrm{d}t + \varepsilon_i,\ x_i \in D,\ i = 1, \cdots, n, \tag{4.27}$$

其中误差 $\varepsilon_i \sim N(0, \sigma^2)$.

基于 GPR 代理模型获得的预测均值（4.21）式，同第 3 章的研究方法类似，对自由项 $g(x)$ 进行逼近。为此，本章将继续研究如下代理方程

$$\int_E h(x, t)f(t)\,\mathrm{d}t = \bar{g}_n(x), \tag{4.28}$$

并讨论其最小范数解及其不确定性估计问题。

4.3.1 最小范数正则解

记 $\bar{f}_n^{\dagger}(t)$ 为 Fredholm 方程（4.28）式的最小范数解，可得到如下结果。

定理 4.1 若方程（4.26）式中的 $g(x)$ 满足（4.1）式、（4.5）式和（4.25）式，则

$$\bar{f}_n^{\dagger}(t) = \begin{cases} \boldsymbol{H}_{tX}^{T}(\boldsymbol{K}_{XX} + \sigma^2\boldsymbol{I}_n)^{-1}\boldsymbol{Y}, & H = L^2(E), \\ \boldsymbol{\eta}_{tX}^{T}(\boldsymbol{K}_{XX} + \sigma^2\boldsymbol{I}_n)^{-1}\boldsymbol{Y}, & H = H_Q. \end{cases} \tag{4.29}$$

此外，相应的不确定性估计为

$$V[\bar{f}_n^{\dagger}(t)] = \begin{cases} \langle h_t^*,\ h_t^* \rangle_{H_k} - \boldsymbol{H}_{tX}^T(\boldsymbol{K}_{XX} + \sigma^2 \boldsymbol{I}_n)^{-1}\boldsymbol{H}_{tX}, & H = L^2(E), \\ \langle \eta_t^*,\ \eta_t^* \rangle_{H_k} - \boldsymbol{\eta}_{tX}^T(\boldsymbol{K}_{XX} + \sigma^2 \boldsymbol{I}_n)^{-1}\boldsymbol{\eta}_{tX}, & H = H_Q, \end{cases} \tag{4.30}$$

其中 $\boldsymbol{H}_{tX}^T = (h_{x_1}(t),\ \cdots,\ h_{x_n}(t))$，$\boldsymbol{\eta}_{tX}^T = (\eta_{x_1}(t),\ \cdots,\ \eta_{x_n}(t))$，$\eta_x(t) = \int_E h(x,\ s)Q(t,\ s)\mathrm{d}s$.

证明：因为 $g(x) \sim GP(0,\ k(x,\ x'))$，则

$$E[g(x)g(x')^T] = k(x,\ x'),\ E[f^{\dagger}] = L^{\dagger}E[g] = 0,$$

进一步可得

$$E[f^{\dagger}(t)f^{\dagger}(t')^T] = E[L^{\dagger}gg^T(L^{\dagger})'] = L^{\dagger}k(x,\ x')(L^{\dagger})',$$

其中 $(L^{\dagger})'$ 表示算子 $L^{\dagger}$ 作用于变量 x'，此时可得

$$f^{\dagger}(t) \sim GP(0,\ L^{\dagger}k(x,\ x')(L^{\dagger})').$$

又因为 $E[\boldsymbol{Y}(f^{\dagger})^T] = E[\boldsymbol{Y}\boldsymbol{g}^T](L^{\dagger})^T = \boldsymbol{K}_{xX}(L^{\dagger})'$，则

$$\begin{bmatrix} \boldsymbol{Y} \\ f^{\dagger}(t) \end{bmatrix} \sim N\left(\begin{bmatrix} 0 \\ 0 \end{bmatrix},\ \begin{bmatrix} \boldsymbol{K}_{XX} + \sigma^2 \boldsymbol{I}_n & \boldsymbol{K}_{x'X}(L^{\dagger})' \\ L^{\dagger}\boldsymbol{K}_{xX}^T & L^{\dagger}k(x,\ x')(L^{\dagger})' \end{bmatrix}\right)\Bigg|_{x'=x},$$

进一步整理可得

$$\bar{f}_n^{\dagger}(t) = E[f^{\dagger}(t) \mid \boldsymbol{Y}] = L^{\dagger}\boldsymbol{K}_{xX}^T(\boldsymbol{K}_{XX} + \sigma^2 \boldsymbol{I}_n)^{-1}\boldsymbol{Y},$$

$$V[\bar{f}_n^{\dagger}(t)] = [L_x^{\dagger}k(x,\ x')(L_{x'}^{\dagger})^T - L_x^{\dagger}\boldsymbol{K}_{xX}^T\boldsymbol{K}_{XX}^{\dagger}\boldsymbol{K}_{x'X}(L_{x'}^{\dagger})^T]\ |_{x'=x}.$$

当 $H = L^2(E)$ 时，根据定理 4.1 可知

$$L^{\dagger}\boldsymbol{K}_{xX}^T = (h(x_1,\ t),\ \cdots,\ h(x_n,\ t)),$$

$$V[\bar{f}_n^{\dagger}(t)] = \langle h_t^*,\ h_t^* \rangle_{H_k} - \boldsymbol{H}_{tX}^T(\boldsymbol{K}_{XX} + \sigma^2 \boldsymbol{I}_n)^{-1}\boldsymbol{H}_{tX}.$$

同理可知，当 $H = H_Q$ 时，也有

$$L^{\dagger}\boldsymbol{K}_{xX}^T = (\eta_{x_1}(t),\ \cdots,\ \eta_{x_n}(t)),$$

$$V[\bar{f}_n^{\dagger}(t)] = \langle \eta_t^*,\ \eta_t^* \rangle_{H_k} - \boldsymbol{\eta}_{tX}^T(\boldsymbol{K}_{XX} + \sigma^2 \boldsymbol{I}_n)^{-1}\boldsymbol{\eta}_{tX},$$

至此已完成定理的证明。□

虽然定理 3.1 的最小范数插值解（3.23）式与（3.25）式同最小范数解（4.29）式都由相同的基函数展开，但是（4.29）式考虑了误差因素。虽然受误差影响，但是方差 σ^2 起到正则化参数的作用，所以（4.29）式相对插值解更稳定，故称（4.29）式中的 $\bar{f}_n^{\dagger}(t)$ 为最小范数正则解。

4.3.2 收敛性分析

本节仅讨论可解和不可解方程的收敛性问题，对于投影可解方程的收敛性问题可进行类似讨论，不再一一赘述。

4.3.2.1 可解方程

假设 Fredholm 方程（4.26）式是可解的，即 $g(x) \in R(L)$。基于 H-Hk 结构，可将 $\bar{f}_n^\dagger(t)$ 在解空间 H 中的收敛性问题转化为 $\bar{g}_n(x)$ 在 $R(L)$ 中的收敛性问题，见引理 4.1。

引理 4.1 在 H-Hk 结构下，有

$$\| \bar{f}_n^\dagger(t) - f^\dagger(t) \|_H = \| \bar{g}_n(x) - g(x) \|_{H_k}. \tag{4.31}$$

定理 4.2 假设 $g(x) \in R(L)$ 满足（4.1）式，（4.5）式和（4.25）式，则在概率 1 下有

$$\lim_{n\to\infty} \lim_{\sigma\to 0} \| \bar{f}_n^\dagger(t) - f^\dagger(t) \|_H = 0. \tag{4.32}$$

证明： 根据引理 4.1，只需证明

$$\lim_{n\to\infty} \lim_{\sigma\to 0} \| g(x) - \bar{g}_n(x) \|_{H_k} = 0.$$

根据（4.21）式可知，$\bar{g}_n(x)$ 可改写成

$$\bar{g}_n(x) = \boldsymbol{c}(\boldsymbol{x})^T \boldsymbol{g}_X + \boldsymbol{c}(\boldsymbol{x})^T \boldsymbol{\varepsilon},$$

其中

$$\boldsymbol{c}(\boldsymbol{x}) = (\boldsymbol{K}_{XX} + \sigma^2 \boldsymbol{I}_n)^{-1} \boldsymbol{K}_{xX}, \boldsymbol{g}_X^T = (g(x_1), \cdots, g(x_n)), \boldsymbol{\varepsilon}^T = (\varepsilon_1, \cdots, \varepsilon_n),$$

因此

$$\| \bar{g}_n(x) - g(x) \|_{H_k} \leqslant \| g(x) - \boldsymbol{c}(\boldsymbol{x})^T \boldsymbol{g}_X \|_{H_k} + \| \boldsymbol{c}(\boldsymbol{x})^T \boldsymbol{\varepsilon} \|_{H_k}.$$

又因为 $g(x) - \boldsymbol{c}(\boldsymbol{x})^T \boldsymbol{g}_X = \langle k(x, x') - \boldsymbol{c}(\boldsymbol{x})^T \boldsymbol{K}_{x'X}, \boldsymbol{g}(x') \rangle_{H_k}$，则

$$g(x) - \boldsymbol{c}(\boldsymbol{x})^T \boldsymbol{g}_X \leqslant \| k(x, x') - \boldsymbol{c}(\boldsymbol{x})^T \boldsymbol{K}_{x'X} \|_{H_k} \| g \|_{H_k}.$$

根据如下关系

$$\begin{aligned}
&\| k(x, x') - \boldsymbol{c}(\boldsymbol{x})^T \boldsymbol{K}_{x'X} \|_{H_k}^2 \\
&= k(x, x) - 2\boldsymbol{c}(\boldsymbol{x})^T \boldsymbol{K}_{xX} + \boldsymbol{c}(\boldsymbol{x})^T \boldsymbol{K}_{XX} \boldsymbol{c}(\boldsymbol{x}) \\
&= k(x, x) - \boldsymbol{K}_{xX}^T (\boldsymbol{K}_{XX} + \sigma^2 \boldsymbol{I}_n)^{-1} \boldsymbol{K}_{xX} - \sigma^2 \boldsymbol{c}(\boldsymbol{x})^T \boldsymbol{c}(\boldsymbol{x}) \\
&\leqslant k(x, x) - \boldsymbol{K}_{xX}^T (\boldsymbol{K}_{XX} + \sigma^2 \boldsymbol{I}_n)^{-1} \boldsymbol{K}_{xX} \\
&= \mathrm{Var}[\bar{g}_n(x)].
\end{aligned}$$

可得

$$\| \bar{g}_n(x) - g(x) \|_{H_k} \leqslant \| \sqrt{\mathrm{Var}[\bar{g}_n(x)]} \|_{H_k} \| g \|_{H_k} + \| \boldsymbol{c}(\boldsymbol{x})^T \boldsymbol{\varepsilon} \|_{H_k}. \tag{4.33}$$

由于 $\| \boldsymbol{c}(\boldsymbol{x})^T \boldsymbol{\varepsilon} \|_{H_k} = \boldsymbol{\varepsilon}^T (\boldsymbol{K}_{XX} + \sigma^2 \boldsymbol{I}_n)^{-1} \boldsymbol{K}_{XX} (\boldsymbol{K}_{XX} + \sigma^2 \boldsymbol{I}_n)^{-1} \boldsymbol{\varepsilon}$，因此有

$$\lim_{n\to\infty} \lim_{\sigma\to 0} \| \boldsymbol{c}(\boldsymbol{x})^T \boldsymbol{\varepsilon} \|_{H_k} = 0.$$

根据引理[165]，令其中 $\alpha := \sigma^2 \to 0$，则在概率 1 下有 $\lim\limits_{n\to\infty} \mathrm{Var}[\bar{g}_n(x)] = 0$ 成立，从而有

$$\lim_{n\to\infty} \lim_{\sigma\to 0} \mathrm{Var}[\bar{g}_n(x)] = 0.$$

最后，根据引理 4.1 和不等式（4.33）式可知在概率 1 下有

$$\lim_{n\to\infty} \lim_{\sigma\to 0} \| \bar{f}_n^\dagger(t) - f^\dagger(t) \|_H = 0$$

成立，即已完成定理的证明。□

根据（4.33）式，可知 $\bar{f}_n^\dagger(t)$ 是否收敛取决于当 $n \to +\infty$ 时是否有

$$\mathrm{Var}[\bar{g}_n(x)] \to 0.$$

特别地，当 $\sigma^2 = 0$，Fredholm 方程（4.26）式满足插值条件。由（3.35）式和（3.36）式，可知 $\mathrm{Var}[\bar{g}_n(x)]$ 为误差上界。因此仍可用预测方差 $\mathrm{Var}[\bar{g}_n(x)]$（不确定性估计）来刻画 $\bar{f}_n^\dagger(t)$ 和 $f^\dagger(t)$ 的逼近程度。

4.3.2.2 不可解方程

假设方程（4.26）式是不可解的，即 $g(x) \in \overline{R(L)} \setminus R(L)$。此时，类似于第 3 章的定理 3.3，可得结论见下文。

定理 4.3 假设自由项 $g(x) \in \overline{R(L)} \setminus R(L)$ 满足（4.1）式，（4.5）式和（4.25）式，则在概率 1 下有

$$\lim_{n\to\infty} \lim_{\sigma\to 0} \| \bar{f}_n^\dagger(t) \|_H = +\infty. \tag{4.34}$$

证明： 定义积分算子 K：$D \to D$ 如下：

$$K(g)(x) := \int_D k(x, x') g(x') \mathrm{d}x', \quad g(x) \in L^2(D),$$

其中 $k(x, x')$ 表示值域空间的再生核，K 是一个自伴的 Hilbert-Schmidt 正算子，则在 $L^2(D)$ 中 K 存在一组完备的正交特征函数 φ_i 及相应的特征值 λ_i，因此

$$k(x, x') = \sum_{i=1}^{\infty} \lambda_i \varphi_i(x) \varphi_i(x'), \tag{4.35}$$

$$H_k = \left\{g = \sum_{i=1}^{\infty} \alpha_i \lambda_i^{1/2} \varphi_i : \ \| g \|_{H_k}^2 = \sum_{i=1}^{\infty} \alpha_i^2 < +\infty \right\}. \tag{4.36}$$

对于给定的 $\theta \in (0, 1)$，定义 θ -th 指数型 Hilbert 空间 H_k^θ 及其核函数

$$k^\theta(x, x') := \sum_{i=1}^{\infty} \lambda_i^\theta \varphi_i(x) \varphi_i(x'), \tag{4.37}$$

$$H_k^\theta := \left\{g = \sum_{i=1}^{\infty} \alpha_i \lambda_i^{\theta/2} \varphi_i : \ \| g \|_{H_k^\theta}^2 = \sum_{i=1}^{\infty} \alpha_i^2 < +\infty \right\}, \tag{4.38}$$

则 H_k^θ 是一个拥有再生核 $k^\theta(x, x')$ 的再生核 Hilbert 空间。

因为 $g(x) \in \overline{R(L)} \setminus R(L)$，则根据

$$\overline{R(L)} = N(K)^\perp = \bar{\bigcup} H_k^\theta, \quad 0 < \theta \leqslant 1, \tag{4.39}$$

可知存在 $\theta_0 \in (0, 1)$ 使得 $g(x) \in H_k^{\theta_0}$，其中（4.39）式的证明可根据（4.46）式得到。

由于 $g(x) \in H_k^{\theta_0}$，可假设

$$g(x) = \sum_{i=1}^{\infty} \alpha_i \lambda_i^{\theta_0/2} \varphi_i(x), \ g(x) \sim GP(0, k^{\theta_0}(x, x')),$$

则存在如下形式的预测函数

$$\bar{g}_n(x) = (\boldsymbol{K}_{xX}^{\theta_0})^T (\boldsymbol{K}_{XX}^{\theta_0} + \sigma^2 \boldsymbol{I}_n)^{-1} \boldsymbol{Y}, \tag{4.40}$$

其中 $\boldsymbol{K}_{XX}^{\theta_0} = (\boldsymbol{K}_{x_1X}^{\theta_0}, \cdots, \boldsymbol{K}_{x_nX}^{\theta_0})$，$\boldsymbol{K}_{xX}^{\theta_0} = (k^{\theta_0}(x_1, x), \cdots, k^{\theta_0}(x_n, x))^T$.

设 $\bar{f}_n^\dagger(t)$ 是如下代理方程的最小范数解

$$L(\bar{f}_n)(x) = \bar{g}_n(x),$$

其中 $\bar{g}_n(x)$ 如（4.40）式所示。根据引理 4.1 和定理 4.2，可知在概率 1 下有

$$\lim_{n\to\infty}\lim_{\sigma\to 0} \| \bar{f}_n^\dagger(t) \|_H = \lim_{n\to\infty}\lim_{\sigma\to 0} \| L^\dagger \bar{g}_n(x) \|_H = \lim_{n\to\infty}\lim_{\sigma\to 0} \| \bar{g}_n(x) \|_{H_k} = \| g(x) \|_{H_k}.$$

因为 $g(x) \in H_k^{\theta_0}$，$g(x) \notin H_k$，及（4.36）式和（4.38）式，可知

$$\sum_{i=1}^{\infty} \alpha_i^2 \lambda_i^{\theta_0} < +\infty, \ \sum_{i=1}^{\infty} \alpha_i^2 \lambda_i^{\theta_0 - 1} = +\infty.$$

然而，直接计算 $\| g(x) \|_{H_k}^2 = \sum_{i=1}^{\infty} \alpha_i^2 \lambda_i^{\theta_0 - 1}$，可得

$$\lim_{n\to\infty} \lim_{\sigma\to 0} \| \bar{f}_n^\dagger(t) \|_H = +\infty.$$

4.3.3 正则化参数

若令 $n\lambda=\sigma^2$，则由 GPR 代理模型得到的解（4.29）式与由 Tikhonov 正则化方法得到的解（4.2）式有几乎一致的表达，故方差 σ^2 在最小范数正则解（4.29）式中起到正则化的作用，确保该解的稳定性。在实际应用中，Tikhonov 正则化方法需考虑参数 λ 及已知误差水平 δ，而本书仅需考虑参数 σ^2 的影响，且可通过最大似然估计[129]获得。

由（4.1）式，可知响应 $\boldsymbol{Y}$ 服从如下分布

$$\boldsymbol{Y}\sim N(0,\ \boldsymbol{K}_{XX}+\sigma^2).$$

对响应 $\boldsymbol{Y}$ 的似然函数取对数可得

$$\log p(\boldsymbol{Y}\mid\sigma)=-\frac{1}{2}\boldsymbol{Y}^{\top}(\boldsymbol{K}_{XX}+\sigma^2\boldsymbol{I}_n)^{-1}\boldsymbol{Y}-\frac{1}{2}\log|\boldsymbol{K}_{XX}+\sigma^2\boldsymbol{I}_n|-\frac{n}{2}\log 2\pi. \tag{4.41}$$

只需最大化（4.41）式便可得正则化参数 σ^* 的估计，即

$$\sigma^*=\operatorname*{argmax}_{\sigma}-\frac{1}{2}(\boldsymbol{Y}^{\top}(\boldsymbol{K}_{XX}+\sigma^2\boldsymbol{I}_n)^{-1}\boldsymbol{Y}+\log|\boldsymbol{K}_{XX}+\sigma^2\boldsymbol{I}_n|).$$

记 $\boldsymbol{K}_\sigma=\boldsymbol{K}_{XX}+\sigma^2\boldsymbol{I}_n$，则

$$\frac{\partial}{\partial\sigma}\log(p(\boldsymbol{Y}\mid\sigma))=-\frac{1}{2}\boldsymbol{Y}^{T}\frac{\partial\boldsymbol{K}_\sigma}{\partial\sigma^{-1}}\boldsymbol{Y}-\frac{1}{2}\frac{\partial}{\partial\sigma}\log(|\boldsymbol{K}_\sigma|). \tag{4.42}$$

再记 $k_{ij}(\sigma)$，$\bar{k}_{ij}(\sigma)$ 分别表示 $\boldsymbol{K}_\sigma$，$\boldsymbol{K}_\sigma^{-1}$ 的 ij 元素，有

$$\frac{\partial}{\partial\sigma}(\boldsymbol{K}_\sigma\boldsymbol{K}_\sigma^{-1})=\frac{\partial}{\partial\sigma}(\boldsymbol{I}_n),\quad\frac{\partial}{\partial\sigma}\Big(\sum_{l=1}^{n}k_{il}(\sigma)\bar{k}_{lj}(\sigma)\Big)_{ij}=\frac{\partial}{\partial\sigma}(\delta_{ij}),$$

其中 δ_{ij} 为克罗内克函数，从而可得

$$\sum_{l=1}^{n}\frac{\partial}{\partial\sigma}k_{il}(\sigma)\bar{k}_{lj}(\sigma)+k_{il}(\sigma)\frac{\partial}{\partial\sigma}\bar{k}_{lj}(\sigma)=0,$$

进一步整理可得

$$\frac{\partial\boldsymbol{K}_\sigma}{\partial\sigma}\boldsymbol{K}_\sigma^{-1}=-\boldsymbol{K}_\sigma\frac{\partial\boldsymbol{K}_\sigma^{-1}}{\partial\sigma},$$

$$\frac{\partial\boldsymbol{K}_\sigma^{-1}}{\partial\sigma}=-\boldsymbol{K}_\sigma^{-1}\frac{\partial\boldsymbol{K}_\sigma}{\partial\sigma}\boldsymbol{K}_\sigma^{-1}=-2\sigma(\boldsymbol{K}_\sigma^{-1})^2,$$

$$\boldsymbol{Y}^{T}\frac{\partial\boldsymbol{K}_\sigma}{\partial\sigma^{-1}}\boldsymbol{Y}=-2\sigma\boldsymbol{Y}^{T}(\boldsymbol{K}_\sigma^{-1})^2\boldsymbol{Y}, \tag{4.43}$$

$$\begin{aligned}
\frac{\partial}{\partial \sigma}\log(|\boldsymbol{K}_\sigma|) &= \left(\frac{\partial}{\partial \sigma}|\boldsymbol{K}_\sigma|\right)|\boldsymbol{K}_\sigma|^{-1} \\
&= |\boldsymbol{K}_\sigma|\mathrm{tr}\left(\boldsymbol{K}_\sigma^{-1}\frac{\partial}{\partial \sigma}\boldsymbol{K}_\sigma\right)|\boldsymbol{K}_\sigma|^{-1} \\
&= \mathrm{tr}\left(\boldsymbol{K}_\sigma^{-1}\frac{\partial \boldsymbol{K}_\sigma}{\partial \sigma}\right) \\
&= 2\sigma\mathrm{tr}(\boldsymbol{K}_\sigma^{-1}),
\end{aligned} \tag{4.44}$$

其中 $\mathrm{tr}(\boldsymbol{K}_\sigma^{-1})$ 表示矩阵 $\boldsymbol{K}_\sigma^{-1}$ 的迹。将（4.43）式和（4.44）式代入（4.42）式可得

$$\frac{\partial}{\partial \sigma}\log(p(\boldsymbol{Y}|\sigma)) = \sigma\mathrm{tr}[(\boldsymbol{K}_\sigma^{-1}\boldsymbol{Y})(\boldsymbol{K}_\sigma^{-1}\boldsymbol{Y})^T - \boldsymbol{K}_\sigma^{-1}].$$

令 $\frac{\partial}{\partial \sigma}\log(p(\boldsymbol{Y}|\sigma)) = 0$，即求解方程

$$\mathrm{tr}[(\boldsymbol{K}_\sigma^{-1}Y)(\boldsymbol{K}_\sigma^{-1}Y)^T - \boldsymbol{K}_\sigma^{-1}] = 0, \tag{4.45}$$

可得到方差 σ^2 的估计。

4.4 Fredholm 方程的可解性及其刻画

根据 4.3.2.2 的内容，若 $g(x) \in \overline{R(L)} \setminus R(L)$，则积分方程不可解。因此若能对 $\overline{R(L)} \setminus R(L)$ 的空间结构进行刻画，则可为积分方程的可解性提供判据，进一步也能为耗散系统 Burgers 方程的 Cauchy 反问题的可解性提供判据。但是目前还没有文献对此进行研究，更多的是讨论 $R(L)$ 为闭集对积分方程适定性问题的影响。本书首次对此差空间进行刻画并已证明其中严格嵌入无穷个稠密的 RKHS，如下面的定理所述。

定理 4.4 对于 $\forall\theta \in (0, 1)$，RKHSH_k^θ 在 $\overline{R(L)}$ 中是严格嵌入且稠密的，即

$$R(L) = H_k^1 \subsetneq H_k^\theta \subsetneq H_k^{\theta'} \subsetneq \overline{R(L)},\ 0 < \theta' < \theta < 1, \tag{4.46}$$

$$\overline{R(L)} \setminus R(L) = \bar{\bigcup} H_k^\theta,\quad 0 < \theta < 1. \tag{4.47}$$

证明： 假设 $\theta' < \theta$，对于任意的 $g = \sum_{i=1}^{\infty}\alpha_i\lambda_i^{\theta/2}\varphi_i \in H_k^\theta$，有

$$\|g\|_{H_k^{\theta'}}^2 = \sum_{i=1}^{\infty} \alpha_i^2 \lambda_i^{\theta-\theta'} \leqslant \max_{i\geqslant 1}\{\lambda_i^{\theta-\theta'}\} \|g\|_{H_k^\theta}^2 < +\infty,$$

则 $g \in H_k^{\theta'}$，从而

$$H_k^\theta \subset H_k^{\theta'}. \tag{4.48}$$

对于给定的 $g \in H_k^{\theta'}$，对任意的 $\varepsilon > 0$，存在正整数 $N_\varepsilon \in N$ 及

$$g_{N_\varepsilon} = \sum_{i=1}^{N_\varepsilon} \langle g, \varphi_i \rangle_{L^2(D)} \varphi_i \in H_k^\theta$$

使得 $\|g - g_{N_\varepsilon}\|_{H_k^\theta} < \varepsilon$，则 H_k^θ 在 $H_k^{\theta'}$ 中是稠密的。此外，令

$$h = \sum_{i=1}^{\infty} \alpha_i \lambda_i^{\theta'/2} \varphi_i, \ \alpha_i^2 = i^{-1} \lambda_i^{\theta-\theta'},$$

根据 $\sum_{i=1}^{\infty} \alpha_i^2 \lambda_i^{\theta'-\theta} = \infty$可知 $h \notin H_k^\theta$。又由 Holder's 不等式可知

$$\sum_{i=1}^{\infty} \alpha_i^2 \leqslant \left(\sum_{i=1}^{\infty} \lambda_i\right)^{\theta-\theta'} \left(\sum_{i=1}^{\infty} i^{-1/(1+\theta'-\theta)}\right)^{1+\theta'-\theta} < \infty,$$

进一步可得 $h \in H_k^{\theta'}$，因此对 $\theta' < \theta$ 有

$$H_k^\theta \subsetneq H_k^{\theta'}. \tag{4.49}$$

最后，由（4.48）式和（4.49）式可得（4.46）式，由（4.39）式和（4.46）式可得（4.47）式。□

4.5 算例分析

本节将采用高斯过程回归正则化方法求解一维和二维经典 Fredholm 积分方程。

例 4.1 求解如下一维 Fredholm 方程

$$\int_0^1 h(x, t) f(t) \mathrm{d}t = g(x), \quad 0 \leqslant x \leqslant 1, \tag{4.50}$$

其中 $h(x, t) = 1_{[0, x]}(t)$ 为指标函数，即

$$h(x, t) = \begin{cases} 1, & t \in [0, x], \\ 0, & t \in (x, 1]. \end{cases}$$

假设解空间 $H = L^2([0, 1])$，则

$$k(x, x') = \langle h_x, h_{x'} \rangle_H = \int_0^{\min(x, x')} \mathrm{d}t = \min(x, x'),$$

由此可知它是布朗运动核[166]，拥有特征值 $\lambda_i = \frac{4}{(2i-1)^2\pi^2}$ 及相应的规范特征函数 $\varphi_i(x) = \sqrt{2}\sin\frac{(2i-1)\pi x}{2}$，$i \in N$。此外，

$$R(L) = H_k = \left\{f \in L^2([0,1]): Df\int (Df(x))^2 dx < \infty, f(0)=0\right\},$$

其中 Df 表示函数 $f(x)$ 的弱导数。

若自由项 $g(x) = \frac{2}{\pi}\sin\frac{\pi x}{2}$，则方程（4.50）式存在真实解 $f^{\dagger}(t) = \cos\pi t/2$。

通过直接计算可得 $\| g(x) \|_{H_k}^2 = \frac{1}{2} < \infty$，则 $g(x) \in H_k$，即方程（4.50）式是可解的。在此例中，假设观测数据 $\{x_i, y_i\}_{i=1}^n$ 满足

$$y(x_i) = g(x_i) + \sigma\sin(\frac{\pi x_i}{2}),$$

其中 $x_i = \frac{i-1}{n-1}$，$1 \leq i \leq n$，$\sigma = 10^{-j}$，$1 \leq j \leq 4$ 或为 0。

基于上面的假设，通过求解方程（4.45）式近似可得

$$\hat{\sigma}^2 = n\sigma^{3/2}/100.$$

在此例中，对于不同的 n 和 σ，表 4.1 呈现出最小范数解 $\bar{f}_n^{\dagger}(t)$ 和真实解 $f^{\dagger}(t)$ 在测试点 0，0.1，…，0.9，1 处的最大绝对误差，结果表明绝对误差随方差 σ 减小及观测点数 n 增大会趋于 0，即定理 4.2 所述的内容。

表 4.2 表明了（4.33）式中关键部分

$$\| \sqrt{\mathrm{Var}[\bar{g}_n(x)]} \|_{H_k} \| g \|_{H_k}$$

的不确定性 $\mathrm{Var}[\bar{g}_n(x)]$ 对误差上界起到支配作用。

表 4.1　$f^{\dagger}(t)$ 与 $\bar{f}_n^{\dagger}(t)$ 的最大绝对误差

$n \backslash \sigma$	10^{-1}	10^{-2}	10^{-3}	10^{-4}	0
10	8.98×10^{-2}	8.71×10^{-2}	8.70×10^{-2}	8.70×10^{-2}	8.70×10^{-2}
60	3.03×10^{-2}	1.38×10^{-2}	1.33×10^{-2}	1.33×10^{-2}	1.33×10^{-2}
110	5.41×10^{-2}	7.92×10^{-2}	7.23×10^{-3}	7.21×10^{-3}	7.21×10^{-3}
160	7.86×10^{-2}	5.81×10^{-3}	4.98×10^{-3}	4.94×10^{-3}	4.94×10^{-3}
210	1.03×10^{-1}	4.71×10^{-3}	3.81×10^{-3}	3.76×10^{-3}	3.76×10^{-3}

表 4.2　不确定性 $\mathrm{Var}[\bar{g}_n(x)]$ 的估计

$n\backslash\sigma$	10^{-1}	10^{-2}	10^{-3}	10^{-4}	0
10	2.93×10^{-2}	2.78×10^{-2}	2.78×10^{-2}	2.78×10^{-2}	2.78×10^{-2}
60	1.14×10^{-2}	4.53×10^{-3}	4.25×10^{-3}	4.24×10^{-3}	4.24×10^{-3}
110	1.39×10^{-2}	2.79×10^{-3}	2.31×10^{-3}	2.29×10^{-3}	2.29×10^{-3}
160	1.50×10^{-2}	2.23×10^{-3}	1.60×10^{-3}	1.57×10^{-3}	1.57×10^{-3}
210	1.56×10^{-2}	1.99×10^{-3}	1.23×10^{-3}	1.20×10^{-3}	1.20×10^{-3}

对于给定的 $\theta\in(0,\ 1)$，再生核 Hilbert 空间 H_k^θ 拥有再生核

$$k^\theta(x,\ x')=\sum_{i=1}^{\infty}\lambda_i^\theta\varphi_i(x)\varphi_i(x').$$

假设 $g_\nu^\theta(x)=\sum_{i=1}^{\infty}\frac{1}{(2i-1)^\nu}\lambda_i^{\theta/2}\varphi_i(x)/\left\|\sum_{i=1}^{\infty}\frac{1}{(2i-1)^\nu}\lambda_i^{\theta/2}\varphi_i(x)\right\|_{H_k^\theta}\in H_k^\theta$，$g_\nu^\theta(x)\notin H_k$，则 $1/2<\nu\leqslant3/2-\theta$，$\|g_\nu^\theta\|_{H_k^\theta}=1$.
在以下的计算中取 $\nu=3/2-\theta$，其中 $\theta=0.2$，0.4，0.6，0.8，1。

对于 $\theta=1$，令 $g(x)=\frac{2\sqrt{2}}{\pi}\sin\frac{\pi x}{2}$，则

$$g(x)\in H_k,\quad \|g(x)\|_{H_k}=1.$$

基于上述假设，表 4.3 呈现出在不同的 n 和 θ 取值下 $\|\bar{f}_n^\dagger(t)\|_H^2$ 的估计，随着 θ 变小，$g_\nu^\theta(x)\in H_k^\theta\subseteq\overline{R(L)}$ 将远离 $R(L)$ 而接近于 $\overline{R(L)}$，表现为 $\|\bar{f}_n^\dagger(t)\|_H^2$ 在变大。从光滑性来说，最小范数解 $\bar{f}_n^\dagger(t)$ 随 θ 变小和 n 增大时变粗糙，如定理 4.3 所述。

表 4.3　不可解方程中 $\|\bar{f}_n^\dagger(t)\|_H^2$ 的估计

$n\backslash\theta$	0.2	0.4	0.6	0.8	1
1	8.29×10^{13}	8.74×10^{12}	3.47×10^{9}	1.41×10^{4}	0.810 56
6	3.29×10^{14}	3.28×10^{13}	3.56×10^{9}	1.05×10^{4}	1.077 55
11	6.23×10^{14}	5.74×10^{13}	2.81×10^{9}	1.17×10^{4}	1.087 55
16	6.31×10^{14}	2.79×10^{13}	4.48×10^{9}	9.65×10^{3}	1.028 31
21	1.21×10^{15}	9.50×10^{13}	5.70×10^{9}	1.34×10^{4}	1.044 50

例 4.2 讨论如下的 Fredholm 方程

$$\int_0^1\int_0^1(1-2e^{-\frac{s}{x}})\,e^{-\frac{t}{y}}f(s,\ t)\,\mathrm{d}s\mathrm{d}t=g(x,\ y)$$

的正则解。该方程存在如下形式的解[146,167]

$$f(x,\ y)=\frac{1}{2\pi\sigma_1\sigma_2\sqrt{1-r^2}}e^{-\frac{1}{2(1-r^2)}\left[\frac{(x-\mu_1)^2}{\sigma_1^2}-2r\frac{(x-\mu_1)(y-\mu_2)}{2\sigma_1\sigma_2}+\frac{(y-\mu_2)^2}{\sigma_2^2}\right]},$$

其中 $\mu_1=\mu_2=0.5$，$\sigma_1=\sigma_2=0.09$，r 是未知相关系数的。

记 $h_{(x,\ y)}(s,\ t)=(1-2e^{-\frac{s}{x}})\,e^{-\frac{t}{y}}$，$u=1-e^{-\frac{y+y'}{yy'}}$，$v=\frac{4xx'}{x+x'}(1-e^{-\frac{x+x'}{xx'}})$.

设 $k((x,\ y),\ (x',\ y'))$，是值域 $R(L)=H_k$ 的再生核，则

$$k((x,y),(x',y'))=\frac{uyy'}{y+y'}[1-2x(1-e^{-\frac{1}{x}})-2x'(1-e^{-\frac{1}{x'}})+v],$$

将上式代入（4.29）式可得近似解。

现假设在区间 $[0,\ 1]\times[0,\ 1]$ 上已获得 100 个均匀分布的观测数据，对应于 x，y 各有 10 个。对于 $r=0$ 和 $r=0.75$，计算 $f(x,\ y)$ 和 $\bar{f}_{100}^{\dagger}(x,\ y)$ 的相对误差

$$\frac{\|f(x,\ y)-\bar{f}_{100}^{\dagger}(x,\ y)\|_{L^2}}{\|f(x,\ y)\|_{L^2}}$$

其中 $\bar{f}_{100}^{\dagger}(x,\ y)$ 由（4.29）式所得，$\|\cdot\|_{L^2}$ 表示 $[0,\ 1]\times[0,\ 1]$ 上的 L^2 范数。此时，相关系数 $r=0$ 和 $r=0.75$ 对应的相对误差分别为 0.54% 和 5.15%，其逼近效果如图 4.1 和图 4.2 所示。

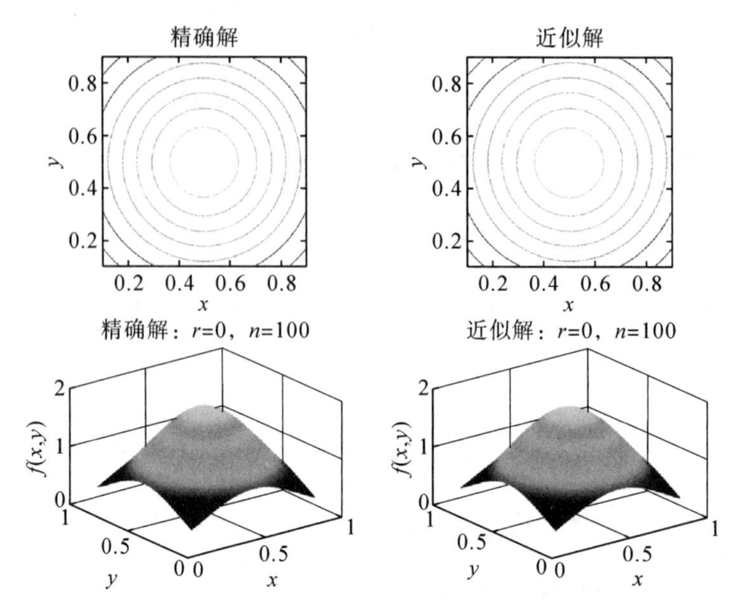

图 4.1　相关系数 $r = 0$ 时的近似解

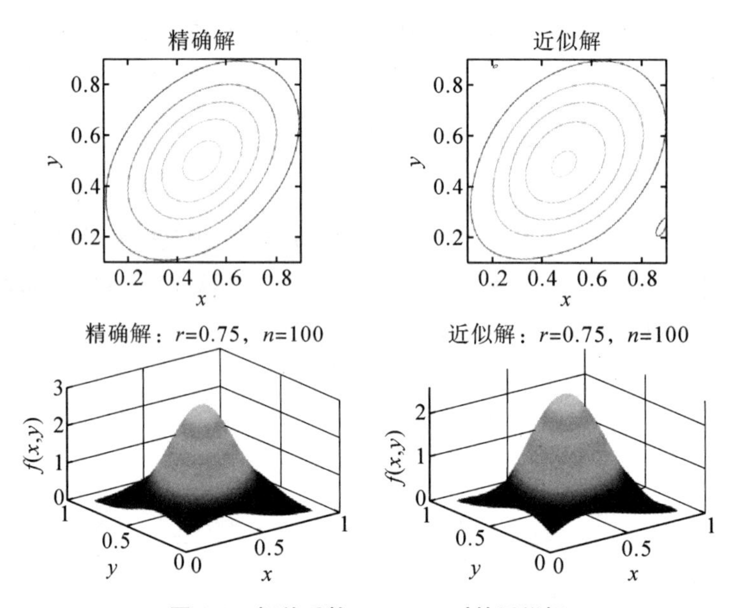

图 4.2　相关系数 $r = 0.75$ 时的近似解

4.6 小结

本章基于 GPR 代理模型，将 Tikhonov 正则化方法推广到误差水平未知的情形，获得了相同形式的正则解及其不确定性估计。在不同解空间中，定理 4.1 已给出类似 Tikhonov 正则化方法的最小范数正则解及相应的不确定性估计。定理 4.2 进一步证明它在概率 1 下是收敛的。定理 4.3 已证明，若自由项

$$g(x) \in \overline{R(L)} \setminus R(L),$$

则最小范数正则解 $\bar{f}_n^\dagger(t)$ 以概率 1 发散，表现为耗散系统 Burgers 方程中雷诺数将接近其相变阈值界限，这也是发生转捩的根本原因。最后，定理 4.4 还证明，差空间 $\overline{R(L)} \setminus R(L)$ 中严格嵌入了无穷个稠密的 RKHSH_k^θ。综上所述，本章所有结果可总结如表 4.4 所示。

表 4.4　基于 GPR 模型的最小范数正则解

可解性	解空间	主要内容	
可解方程	RKHSH_Q	$\bar{f}_n^\dagger(t) = \eta_{tX}^T K_\sigma^{-1} Y$	定理 4.1
		$V[\bar{f}_n^\dagger(t)] = \langle h_t^*, h_t^* \rangle_{H_k} - H_{tX}^T K_\sigma^{-1} H_{tX}$	定理 4.1
	$L^2(E)$	$\bar{f}_n^\dagger(t) = H_{tX}^T K_\sigma^{-1} Y$	定理 4.1
		$V[\bar{f}_n^\dagger(t)] = \langle h_t^*, h_t^* \rangle_{H_k} - H_{tX}^T K_\sigma^{-1} H_{tX}$	定理 4.1
	RKHS$H_Q/L^2(E)$	$\lim\limits_{n\to\infty}\lim\limits_{\sigma\to 0} \lVert \bar{f}_n^\dagger(t) - f^\dagger(t) \rVert_H = 0$	定理 4.2
		正则化参数满足 $\mathrm{tr}[(K_\sigma^{-1}Y)(K_\sigma^{-1}Y)^T - K_\sigma^{-1}] = 0$	
不可解方程	RKHS$H_Q/L^2(E)$	$\lim\limits_{n\to\infty}\lim\limits_{\sigma\to 0} \lVert \bar{f}_n^\dagger(t) \rVert_H = +\infty$	定理 4.3
		$R(L) = H_k^1 \subsetneq H_k^\theta \subsetneq H_k^{\theta'} \subsetneq \overline{R(L)}$, $0 < \theta' < \theta < 1$ $\overline{R(L)} \setminus R(L) = \bar{\bigcup} H_k^\theta$, $0 < \theta < 1$	定理 4.4

5 基于高斯过程回归模型的有限维逼近解

在解空间 $H = L^2(E)$ 中，Fredholm 方程

$$\int_E h(x, t)f(t)\mathrm{d}t = g(x), \ x \in D, \ t \in E \tag{5.1}$$

的最小范数插值解

$$\bar{f}_n^{\dagger}(t) = \boldsymbol{H}_{tX}^T \boldsymbol{K}_{XX}^{\dagger} \boldsymbol{Y},$$

及最小范数正则解

$$\bar{f}_n^{\dagger}(t) = \boldsymbol{H}_{tX}^T (\boldsymbol{K}_{XX} + \sigma^2 \boldsymbol{I}_n)^{-1} \boldsymbol{Y},$$

它们都可由基函数 $h(x_1, t)$，…，$h(x_n, t)$ 线性表示。这两类数值解具有显著的特性，即无需考虑基函数的选取问题，$h(x_1, t)$，…，$h(x_n, t)$ 就可作为基函数。

此外，Picard 定理也可获得一类重要的级数型最小范数解析解，其基函数的选取完全独立于积分核 $h(x, t)$，优点在于丰富了基函数的选取，而不足在于该定理仅适用于求解已知特征系统的对称核积分方程。本章将在前三章的基础上，通过 H-Hk 结构与高斯过程回归模型，对 Picard 定理作进一步研究，证明其可用于求解一般的 Fredholm 方程。对解空间进行正交分解，基于 H-Hk 结构，可将该定理中的特征函数推广到一般的正交函数。再对解空间进行非正交分解，基于高斯过程回归模型，可再将正交基函数推广到非正交基函数，从而得到具有普适性的有限维逼近解。

5.1 Picard 定理

5.1.1 对称核 Fredholm 方程

定义 5.1 称 Fredholm 方程（5.1）式为对称核方程，若积分核 $h(x,t)$ 满足

$$h(x, t) = h(t, x), \tag{5.2}$$

假设 Fredholm 方程（5.1）式中 $h(x, t)$ 与 $g(x)$ 在所定义区域都是平方可积的，且 $h(x, t)$ 存在特征系统 $\{\lambda_i, \varphi_i(t)\}_{i=1}^{\infty}$。此时，它的解 $f(t)$ 可表示为

$$f(t) = \sum_{i=1}^{\infty} c_i \varphi_i(t). \tag{5.3}$$

其中 $c_i = \int_E f(t)\varphi_i \mathrm{d}t$，函数 $\varphi_i(t)$ 为 $h(x, t)$ 的特征值 λ_i 对应的特征函数。故 $h(x, t)$ 可表示为

$$h(x, t) = \sum_{i=1}^{\infty} \varphi_i(x)\varphi_i(t)/\lambda_i.$$

将上式代入方程（5.1）式可得

$$g(x) = \int_E \sum_{i=1}^{\infty} \frac{1}{\lambda_i}\varphi_i(x)\varphi_i(t)f(t)\,\mathrm{d}t.$$

对上式两边同时乘以 $\varphi_i(x)$ 后在区域 D 上积分可得

$$\int_D g(x)\varphi_i(x)\,\mathrm{d}x = \sum_{k=1}^{\infty} \frac{1}{\lambda_k}\left(\int_D \varphi_k(x)\varphi_i(x)\,\mathrm{d}x\right)\left(\int_E \varphi_k(t)f(t)\,\mathrm{d}t\right).$$

令 $g_i = \int_D g(x)\varphi_i(x)\,\mathrm{d}x$，由 $\varphi_i(x)$ 的正交性可知

$$c_i = \lambda_i g_i.$$

此时，将上式代入（5.3）式可得

$$f(t) = \sum_{i=1}^{\infty} \lambda_i g_i \varphi_i(t). \tag{5.4}$$

命题 5.1 是用于求解对称核方程的经典 Picard 定理[144,168]。

命题 5.1（Picard 定理）若可解的 Fredholm 方程满足

（1）积分核 $h(x, t)$ 是对称的；

（2）级数 $\sum_{i=1}^{\infty}\lambda_i^2 g_i^2$ 收敛；

（3）特征函数 $\{\varphi_i(t)\}_{i=1}^{\infty}$ 在 D 中是完备的，则方程（5.1）式的解唯一，并有

$$f^{\dagger}(t)=\sum_{i=1}^{\infty}\lambda_i g_i \varphi_i(t). \tag{5.5}$$

例 5.1 是 Picard 定理用于求解 Fredholm 方程的经典例子，既表明其条件较为苛刻，也表明该定理不具备普适性，需做进一步研究。

例 5.1 求解如下 Fredholm 方程[144,168]

$$\int_0^1 h(x,\ t)\varphi(t)\,\mathrm{d}t=\sin^3\pi x \tag{5.6}$$

其中积分核为分段函数 $h(x,\ t)=\begin{cases}(1-x)t, & 0\leqslant t\leqslant x,\\ x(1-t), & x\leqslant t\leqslant 1.\end{cases}$

由于对称核 $h(x,\ t)$ 存在特征值 $\lambda_i=(i\pi)^2$，对应的特征函数 $\varphi_i(t)=\sqrt{2}\sin i\pi t$，根据命题 5.1，只需确定自由项 $\sin^3\pi x$ 在基函数 $\varphi_i(x)$ 下的展开系数 g_i。

注意到自由项可表示为

$$\sin^3\pi x=\frac{3}{4}\sin\pi x-\frac{1}{4}\sin 3\pi x,$$

根据 $\varphi_i(x)$ 的单位正交性可知

$$\sin^3\pi x=\frac{3}{4\sqrt{2}}\varphi_1(x)-\frac{1}{4\sqrt{2}}\varphi_3(x).$$

此时还需验证命题 5.1 中的条件（2）。根据自由项 $\sin^3\pi x$ 的表达可知

$$\sum_{i=1}^{\infty}\lambda_i^2 g_i^2=\left(\frac{3}{4\sqrt{2}}\right)^2(\pi^2)^2+\left(-\frac{1}{4\sqrt{2}}\right)^2(3^2\pi^2)^2=\frac{45}{16}\pi^4<\infty,$$

即级数 $\sum_{i=1}^{\infty}\lambda_i^2 g_i^2$ 收敛。根据 Picard 定理可知，Fredholm 方程（5.6）式有唯一解

$$f^{\dagger}(t)=\lambda_1 g_1\varphi_1(t)+\lambda_3 g_3\varphi_3(t)=\frac{3\pi^2}{4}(\sin\pi t-3\sin 3\pi t).$$

附注 5.1 因为命题 5.1 中条件（3）能保证 Fredholm 方程的解具有唯一性，所以解（5.4）式也是最小范数解。

5.1.2 非对称核 Fredholm 方程

假设方程（5.1）式的积分核 $h(x, t)$ 是非对称的平方可积函数，此时可将其对称化[144]。首先，在 Fredholm 方程

$$\int_E h_u(t) f(t) \mathrm{d}t = g(u)$$

两端同时乘以 $h(x, t)$ 在 E 上进行积分可得

$$\int_D h(u, x) g(u) du = \int_E f(t) \left[\int_D h(u, x) h(u, t) du \right] \mathrm{d}t.$$

在上式中，记 $K(x, t) = \int_D h(u, x) h(u, t) du$，$G(x) = \int_D h(u, x) g(u) du$，则 $K(x, t) = K(t, x)$，进而最小范数解 $f^{\dagger}(t)$ 将源于求解如下积分方程

$$\int_E K(x, t) f(t) \mathrm{d}t = G(x).$$

虽然使用 Picard 定理求解 Fredholm 方程易于计算，但是前提是需已知对称核的特征系统 $\{\lambda_i, \varphi_i(t)\}_{i=1}^{\infty}$。这对于一般的 Fredholm 方程来说是很难获得的，所以该定理只能求解某些特殊的积分方程。

5.2 Fredholm 方程的级数型最小范数解析解

本章将始终假设 Fredholm 方程（5.1）式是可解的，即自由项满足

$$g(x) \in R(L).$$

对于解空间 $H = L^2(E)$，存在完备正交标准基函数 $\{b_i(t)\}_{i=1}^{\infty}$ 使得

$$H = \overline{\mathrm{span}\{b_i(t): i \in N, t \in E\}}.$$

对给定的基函数 $\{b_i(t)\}_{i=1}^{\infty}$，令

$$a_i(x) := L(b_i)(x) = \langle b_i, h_x \rangle_H, \tag{5.7}$$

可知积分核 $h_x(t) := h(x, t)$ 可表示为

$$h_x(t) = \sum_{i=1}^{\infty} \langle h_x, b_i \rangle_H b_i(t) = \sum_{i=1}^{\infty} \langle b_i(t), h_x \rangle_H b_i(t) = \sum_{i=1}^{\infty} a_i(x) b_i(t), \tag{5.8}$$

其中变系数 $a_i(x)$ 满足

$$\sum_{i=1}^{\infty} |a_i(x)|^2 = \sum_{i=1}^{\infty} |\langle b_i, h_x \rangle_H|^2 = \| h_x \|_H^2 < \infty,$$

根据 Parseval 定理可知，积分核（5.8）式在解空间 $L^2(E)$ 中绝对收敛[72]。

对于投影可解（不可解）情形，可类比前 3 章中相应的内容给予讨论，此处不再赘述。记

$$T(g) = \sum_{i=1}^{\infty} \langle g, a_i \rangle_{H_k} b_i. \tag{5.9}$$

定理 5.1 若 Fredholm 方程是可解的，则

(1) $g(x) = \langle g, Lh_x \rangle_{H_k} = \langle T(g), h_x \rangle_H$;

(2) T 是从 H_k 到 $N(L)^{\perp}$ 的等距同构算子；

(3) $T(g)$ 是强收敛的最小范数解；

(4) 对 $\forall x, y \in D$，有 $k(x, y) = \sum_{i=1}^{\infty} a_i(x) a_i(y)$。

证明： 由于 $g(x) \in R(L)$，因此存在 $f \in H$，有 $g = Lf$。对任意给定的 $x \in D$，根据（5.7）式和（5.9）式，可得

$$\begin{aligned}
g(x) &= \langle g, k_x \rangle_{H_x} \\
&= \langle g, Lh_x \rangle_{H_k} \\
&= \langle P_{H \to N(L)^{\perp}} f, h_x \rangle_H \\
&= \sum_{i=1}^{\infty} \langle P_{H \to N(L)^{\perp}} f, b_i \rangle_H a_i(x) \\
&= \sum_{i=1}^{\infty} \langle P_{H \to N(L)^{\perp}} f, b_i \rangle_H \langle b_i, h_x \rangle_H \\
&= \sum_{i=1}^{\infty} \langle g, a_i \rangle_{H_k} \langle b_i, h_x \rangle_H \\
&= \langle T(g), h_x \rangle_H,
\end{aligned}$$

结论（1）得证。由（1）可知，$T(g)$ 是方程（5.1）式的解。

对 $\forall f \in N(L)$，设 $f(t) = \sum_{i=1}^{\infty} \langle g, f_i \rangle_{H_k} b_i(t)$，则

$$
\begin{aligned}
\langle T(g), f\rangle_H &= \sum_{i=1}^{\infty} \langle g, f_i\rangle_{H_k} \langle b_i, f\rangle_H \\
&= \sum_{i=1}^{\infty} \langle L^* g, b_i\rangle_H \langle b_i, f\rangle_H \\
&= \langle L^* g, f\rangle_H \\
&= \langle g, Lf\rangle_{H_k} \\
&= 0,
\end{aligned}
$$

可知 $T(g) \in N(L)^{\perp}$，从而解 $T(g)$ 还具有最小范数。对 $\forall g \in H_k$，有

$$
\begin{aligned}
\| g \|_{H_k} &= \sqrt{\langle P_{H\to N(L)^{\perp}} f, P_{H\to N(L)^{\perp}}{}^{\perp} f\rangle_H} \\
&= \sqrt{\sum_{i=1}^{\infty} \langle P_{H\to N(L)^{\perp}} f, b_i\rangle_H \cdot \langle b_i, P_{H\to N(L)^{\perp}} f\rangle_H} \\
&= \sqrt{\sum_{i=1}^{\infty} |\langle g, a_i\rangle_{H_k}|^2} \\
&= \| T(g) \|_H,
\end{aligned}
$$

即算子 T 还是等价同构的，结论（2）成立。

对于结论（3），只需证明它是强收敛的。由于 Fredholm 方程（5.1）式是可解的，因此存在 $f_0 \in N(L)^{\perp}$ 使得 $Lf_0 = g$，从而有

$$
\sum_{i=1}^{\infty} \langle g, a_i\rangle_{H_k}^2 = \sum_{i=1}^{\infty} \langle f_0, b_i\rangle_{H_k}^2 = \| f_0 \|_H^2 < +\infty,
$$

故结论（3）得证。

最后，对于 $\forall x, y \in D$，根据 Parseval 定理可知

$$
k(x, y) = \langle h_x, h_y\rangle_H = \sum_{i=1}^{\infty} \langle h_x, b_i\rangle_H \cdot \langle b_i, h_y\rangle_H = \sum_{i=1}^{\infty} a_i(x) a_i(y),
$$

即结论（4）成立。□

附注 5.2 事实上，定理 5.1 中的算子 T 就是积分算子 L 的 Moore-Penrose 广义逆算子 $L^{\dagger}$，为与前面章节记号一致，将其记为 $L^{\dagger}$。此时对于可解的 Fredholm 方程，根据（5.7）式可知其最小范数解可表示为

$$
L^{\dagger}(g(x))(t) = \sum_{i=1}^{\infty} \langle g(x), \langle b_i, h_x\rangle_H\rangle_{H_k} b_i(t), \tag{5.10}
$$

其中 $\{b_i(t)\}_{i=1}^{\infty}$ 为解空间 $L^2(E)$ 的完备规范正交基。此时，称（5.10）式为 Fredholm 方程的级数型最小范数解析解。

推论 5.1 Picard 定理中的最小范数解

$$f^{\dagger}(t)=\sum_{i=1}^{\infty}\lambda_i g_i\varphi_i(t)$$

是定理 5.1 中的最小范数解（5.10）式的特殊情况。

证明： 令 $b_i(t)=\varphi_i(t)$，根据 $h(x,t)=\sum_{i=1}^{\infty}\varphi_i(x)\varphi_i(t)/\lambda_i$，可知

$$\langle b_i, h_x\rangle_H=\varphi_i(x)/\lambda_i,$$

$$k(x,y)=\langle h_x, h_y\rangle_H=\sum_{i=1}^{\infty}\frac{1}{\lambda_i^2}\varphi_i(x)\varphi_i(y).$$

可知 $\{\varphi_i(x)/\lambda_i\}_{i=1}^{\infty}$ 是 RKHSH_k 的标准正交基函数[169]，从而

$$L^{\dagger}(g(x))(t)=\sum_{i=1}^{\infty}\langle g(x),\varphi_i(x)/\lambda_i\rangle_{H_k}\varphi_i(t)=\sum_{i=1}^{\infty}\lambda_i g_i\varphi_i(t),$$

即命题 5.1 是定理 5.1 的特殊情况。□

例 5.2 求解如下 Fredholm 方程[170]

$$\int_{-1}^{1}(x-t)f(t)\mathrm{d}t=g(x). \tag{5.11}$$

注意到 $R(L)=\{ax+b \mid a, b\in R\}$，且

$$N(L)=\left\{f\in L^2[-1,1] \mid \int_{-1}^{1}f(t)\mathrm{d}t=\int_{-1}^{1}tf(t)\mathrm{d}t=0\right\}.$$

对于给定的 $g(x)=ax+b\in R(L)$，有如下的最小范数解[170]

$$f^{\dagger}(t)=\frac{1}{2}a+3b\sum_{n=1}^{\infty}\frac{(-1)^n}{n\pi}\sin\pi nt.$$

现根据（5.10）式求方程（5.11）式的级数型最小范数解析解。

选取区间 $[-1,1]$ 上的完备规范正交基

$$\frac{1}{\sqrt{2}},\ \cos\pi t,\ \sin\pi t,\ \cdots,\ \cos n\pi t,\ \sin n\pi t,\ \cdots.$$

令 $b_0(t)=1/\sqrt{2}$，$b_{n,1}(t)=\cos n\pi t$，$b_{n,2}(t)=\sin n\pi t$，根据（5.7）式可知

$$a_0(x)=\sqrt{2}x,\quad a_{n,1}(x)=0,\quad a_{n,2}(x)=\frac{2(-1)^n}{n\pi}.$$

由再生核的构造，可知 RKHSH_k 的再生核为

$$k(x,y)=2xy+\frac{2}{3},\ x, y\in R. \tag{5.12}$$

由于 $g(x)=ax+b\in R(L)=H_k$，因此可将其表示为

$$g(x)=\begin{cases}3b/2\cdot k(x,\ a/(3b)), & b\neq 0,\\ a/2\cdot(k(x,\ 1)-k(x,\ 0)), & b=0.\end{cases}\tag{5.13}$$

由再生性可知

$$\langle g,\ a_0\rangle_{H_k}=\frac{a}{\sqrt{2}},\ \langle g,\ a_{n,\ 1}\rangle_{H_k}=0,\ \langle g,\ a_{n,\ 2}\rangle_{H_k}=\frac{3b\cdot(-1)^n}{n\pi}.$$

此时，由（5.10）式可得

$$L^{\dagger}(g)(t)=\frac{1}{2}a+3b\sum_{n=1}^{\infty}\frac{(-1)^n}{n\pi}\sin\pi nt,\tag{5.14}$$

即有 $L^{\dagger}(g)(t)=f^{\dagger}(t)$。

注意到 Fredholm 方程（5.11）式是一个退化核可解方程，因此可采用第 2 章解析法和第 3 章插值法对其求解。

5.2.1 最小范数解析解

由定理 2.1 中的（2.25）式，可获得方程（5.11）式的最小范数解析解。

当 $b\neq 0$ 时，$f^{\dagger}(t)=\langle g,\ h_t^*\rangle_{H_k}=\frac{3b}{2}\langle k(\cdot,\ \frac{a}{3b}),\ \ \cdot-t\rangle_{H_k}=\frac{3b}{2}(\frac{a}{3b}-t)=\frac{a}{2}-\frac{3b}{2}t.$

当 $b=0$ 时，$f^{\dagger}(t)=\langle g,\ h_t^*\rangle_{H_k}=\frac{a}{2}\langle k(\cdot,\ 1)-k(\cdot,\ 0),\ \ \cdot-t\rangle_{H_k}=\frac{a}{2}((1-t)-(0-t))=\frac{a}{2},$

因此算子型最小范数解析解为

$$f^{\dagger}(t)=a/2-3bt/2.\tag{5.15}$$

5.2.2 最小范数插值解

由定理 3.1 中的（3.23）式，可获得方程（5.11）式的最小范数插值解。

由于 $m=2$，因此对任意 $x_1,\ x_2\in R,\ x_1\neq x_2$，由（3.23）式和（5.12）式可得

$$\bar{f}_2^{\dagger}(t)=\boldsymbol{H}_{tX}^T\boldsymbol{K}_{XX}^{\dagger}\boldsymbol{Y}=\frac{a}{2}-\frac{3b}{2}t.\tag{5.16}$$

经验证，解（5.14）式是解（5.15）式和（5.16）式在区间［-1，1］上的傅里叶级数展开。此类解可理解为基函数展开，解（5.14）式是由［-1，1］上的正交基函数 $\{\sin n\pi t\}_{i=1}^{\infty}$ 展开而得，解（5.15）式和（5.16）式是由如下的基函数 $b_1(t)=1$，$b_2(t)=t$ 展开而得，即

$$f^{\dagger}(t)=a\cdot b_1(t)/2-3b\cdot b_2(t)/2.$$

记 $a_1(x)=x$，$a_2(x)=-1$，此时

$$a_i(x)\neq L(b_i(t)),$$

方程（5.11）式的积分核可表示为

$$x-t=\sum_{i=1}^{2}a_i(x)b_i(t), \tag{5.17}$$

据最小范数插值解的求解过程，若 Fredholm 方程的积分核具有形如（5.17）式所示，则级数型最小范数解析解（5.10）式可避免可能存在再生核演算困难的问题。同第 2 章中的算子型最小范数解析解可能存在再生核演算困难问题一样，第 3、4 章通过代理模型能解决此问题并可获得插值解和正则解。本章也将基于 GPR 代理模型，从有限维逼近视角出发，进一步研究级数型最小范数解析解也可能存在的演算困难问题。

5.3 Fredholm 方程的有限维逼近正则解及其收敛性

假设 Fredholm 方程是可解的，若 $\{b_i(t)\}_{i=1}^{\infty}$ 是解空间 $H=L^2(E)$ 的一组完备基函数，$a_i(x)$ 为基函数 $b_i(t)$ 对应的变系数，记

$$h_m(x,t):=\sum_{i=1}^{m}a_i(x)b_i(t), \tag{5.18}$$

假设其满足

$$\lim_{m\to\infty}\int_D\int_E(h(x,t)-h_m(x,t))^2\mathrm{d}t\mathrm{d}x=0, \tag{5.19}$$

其中 m 为截断水平。设 $\bar{f}^{\dagger}_{m,n}(t)$ 表示如下代理方程的最小范数解

$$\int_E h_m(x,t)f(t)\,\mathrm{d}t=P_m\bar{g}_n(x), \tag{5.20}$$

其中 P_m 表示值域空间 $R(L)(=H_k)$ 到其子空间

$$V_m:=\mathrm{span}\{a_1(x),a_2(x),\cdots,a_m(x)\}$$

上的投影算子，$\bar{g}_n(x)$ 如 GPR 模型中的（4.21）式所示，可得结论如下文

所述。

定理 5.2 假设可解的 Fredholm 方程满足（4.27）式和（5.19）式，则

$$\bar{f}^{\dagger}_{m,n}(t)=\boldsymbol{B}_m^T(t)\boldsymbol{A}^{\dagger}\boldsymbol{A}\boldsymbol{B}^{-1}\boldsymbol{C}(\boldsymbol{K}_{XX}+\boldsymbol{\sigma}^2\boldsymbol{I}_n)^{-1}\boldsymbol{Y}, \tag{5.21}$$

其中 $\boldsymbol{B}_m(\boldsymbol{t})=(b_1(t),\cdots,b_m(t))$，$\boldsymbol{B}=(b_{ij})$，$\boldsymbol{C}=(c_{ij})$，$\boldsymbol{A}_m^T(\boldsymbol{x})=(a_1(x),\cdots,a_m(x))$，$c_{ij}=\sum_{k=1}^{\infty}a_k(x_j)b_{ik}$，

$\boldsymbol{A}^T$ 是 $\boldsymbol{A}=(\boldsymbol{A}_m(x_1),\cdots,\boldsymbol{A}_m(x_n))^T$ 的共轭矩阵。除此之外，

$$\lim_{m\to\infty}\|f^{\dagger}-\bar{f}^{\dagger}_{m,n}\|_H\leqslant\|g-\bar{g}_n\|_{H_k}, \tag{5.22}$$

在概率 1 下有

$$\lim_{n\to\infty}\lim_{\sigma\to 0}\lim_{m\to\infty}\|f^{\dagger}-\bar{f}^{\dagger}_{m,n}\|_H=0. \tag{5.23}$$

证明：由（4.21）式可知 $\bar{g}_n(x)=\boldsymbol{K}_{xX}^{\top}(\boldsymbol{K}_{XX}+\boldsymbol{\sigma}^2\boldsymbol{I}_n)^{-1}\boldsymbol{Y}$，从而

$$P_m\bar{g}_n(x)=\boldsymbol{A}_m^T(x)\boldsymbol{C}(K_{XX}+\boldsymbol{\sigma}^2\boldsymbol{I}_n)^{-1}\boldsymbol{Y},$$

其中 $\boldsymbol{A}_m^T(\boldsymbol{x})=(a_1(x),a_2(x),\cdots,a_m(x))^{\top}$。注意到方程（5.20）式是一个退化核方程，根据推论 3.1，将上式代入（5.20）式可得

$$\bar{f}^{\dagger}_{m,n}(t)=\boldsymbol{B}_m^T(\boldsymbol{t})\boldsymbol{A}^{\dagger}\boldsymbol{A}\boldsymbol{B}^{-1}\boldsymbol{C}(\boldsymbol{K}_{XX}+\boldsymbol{\sigma}^2\boldsymbol{I}_n)^{-1}\boldsymbol{Y}.$$

根据 $\bar{f}^{\dagger}_m$ 和 $f^{\dagger}$ 的定义，可知

$$\bar{f}^{\dagger}_{m,n}(t)=L_x^{\dagger}P_m(\bar{g}_n)(t),\ f^{\dagger}(t)=L_x^{\dagger}(g)(t).$$

根据 H-Hk 结构，进一步可得

$$\begin{aligned}
&\|f^{\dagger}(t)-\bar{f}^{\dagger}_{m,n}(t)\|_H\\
=&\|g(x)-LL_x^{\dagger}P_m\bar{g}_n(x)\|_{H_k}\\
\leqslant&\|g(x)-\bar{g}_n(x)\|_{H_k}+\|\bar{g}_n(x)-LL_x^{\dagger}P_m\bar{g}_n(x)\|_{H_k}\\
\leqslant&\|g(x)-\bar{g}_n(x)\|_{H_k}+\|\bar{g}_n(x)-P_m\bar{g}_n(x)\|_{H_k}\\
&+\|P_m\bar{g}_n(x)-LL_x^{\dagger}P_m\bar{g}_n(x)\|_{H_k}.
\end{aligned}$$

对于给定的 $\bar{g}_n(x)\in H_k$，则

$$\lim_{m\to\infty}\|\bar{g}_n(x)-P_m\bar{g}_n(x)\|_{H_k}=0,$$

因此存在一个正数 M 使得

$$\sup_{m\geqslant 1}\|P_m\bar{g}_n(x)\|_{H_k}\leqslant M.$$

又因为 $LL_x^{\dagger}P_m\bar{g}_n(x)-P_m\bar{g}_n(x)=\langle h_x(t)-h_m(x,t),f^{\dagger}{}_{m,n}(t)\rangle_H$，根据 Cauchy 不等式可知

$$|LL_x^{\dagger}P_m\bar{g}_n(x) - P_m\bar{g}_n(x)| \leqslant \| h_x(t) - h_m(x, t) \|_H \| f^{\dagger}{}_{m,n}(t) \|_H.$$

对于上式右端项中的$f^{\dagger}{}_{m,n}(t)$，有

$$\begin{aligned}\| f^{\dagger}{}_{m,n}(t) \|_H &= \| L_x^{\dagger}P_m(\bar{g}_n)(t) \|_H \leqslant \| L_x^{\dagger} \| \ \| P_m\bar{g}_n(x) \|_{H_k} \\ &= \| P_m\bar{g}_n(x) \|_{H_k} \leqslant M,\end{aligned}$$

因此

$$\| LL_x^{\dagger}P_m\bar{g}_n(x) - P_m\bar{g}_n(x) \|_{H_k} \leqslant M\sqrt{\iint_{DE}(h(x, t) - h_m(x, t))^2 \mathrm{d}t\mathrm{d}x}.$$

对于$\forall n \in N$，根据（5.19）式可知

$$\lim_{m\to\infty} \| LL_x^{\dagger}P_m\bar{g}_n(x) - P_m\bar{g}_n(x) \|_{H_k} = 0,$$

因此（5.22）式得证。又因为

$$\bar{g}_n(x) = \boldsymbol{c}(\boldsymbol{x})^T Y = \boldsymbol{c}(\boldsymbol{x})^T \boldsymbol{g}_X + \boldsymbol{c}(\boldsymbol{x})^T \boldsymbol{\varepsilon} = \sum_{i=1}^n c_i(x)\varepsilon_i + \sum_{i=1}^n c_i(x)g(x_i),$$

则$g(x) - \bar{g}_n(x) = -\sum_{i=1}^n c_i(x)\varepsilon_i + \left(g(x) - \sum_{i=1}^n c_i(x)g(x_i)\right)$，从而

$$\| g(x) - \bar{g}_n(x) \|_{H_k} \leqslant \| \sum_{i=1}^n c_i(x)\varepsilon_i \|_{H_k} + \| g(x) - \sum_{i=1}^n c_i(x)g(x_i) \|_{H_k},$$

其中$\boldsymbol{c}(\boldsymbol{x}) = (\boldsymbol{K}_{XX} + \sigma^2\boldsymbol{I}_n)^{-1}\boldsymbol{K}_{xX}$，$\boldsymbol{\varepsilon}^T = (\varepsilon_1, \varepsilon_2, \cdots, \varepsilon_n)$。

根据再生性有

$$g(x) - \sum_{i=1}^n c_i(x)g(x_i) = \left\langle k(\cdot,x) - \sum_{i=1}^n c_i(x)k(\cdot,x_i), g\right\rangle_{H_k}.$$

进一步可得

$$\begin{aligned}&\left|\left\langle k(\cdot x) - \sum_{i=1}^n c_i(x)k(\cdot, x_i), g\right\rangle_{H_k}\right| \leqslant \\ &\| k(\cdot, x) - \sum_{i=1}^n c_i(x)k(\cdot, x_i) \|_{H_k} \| g \|_{H_k}.\end{aligned}$$

除此之外，

$$\begin{aligned}&\| k(\cdot, x) - \sum_{i=1}^n c_i(x)k(\cdot, x_i) \|_{H_k}^2 \\ &= k(x, x) - 2c(x)^T\boldsymbol{K}_{xX} + \boldsymbol{c}(\boldsymbol{x})^T\boldsymbol{K}_{XX}c(x) \\ &= k(x, x) - 2\boldsymbol{K}_{xX}^T(\boldsymbol{K}_{XX} + \sigma^2\boldsymbol{I}_n)^{-1}\boldsymbol{K}_{xX} + \boldsymbol{c}(\boldsymbol{x})^T\boldsymbol{K}_{XX}\boldsymbol{c}(\boldsymbol{x}) \\ &= k(x, x) - \boldsymbol{K}_{xX}^T(\boldsymbol{K}_{XX} + \sigma^2\boldsymbol{I}_n)^{-1}\boldsymbol{K}_{xX} - \sigma^2\boldsymbol{c}(\boldsymbol{x})^T\boldsymbol{c}(\boldsymbol{x}) \\ &= V[\bar{g}_n(x)] - \sigma^2\boldsymbol{c}(\boldsymbol{x})^T\boldsymbol{c}(\boldsymbol{x}) \leqslant V[\bar{g}_n(x)],\end{aligned}$$

所以可得如下不等式

$$\| g(x) - \sum_{i=1}^{n} c_i(x) g(x_i) \|_{H_k} \leqslant \| \sqrt{V[\bar{g}_n(x)]} \|_{H_k} \| g \|_{H_k},$$

$$\| g(x) - \bar{g}_n(x) \|_{H_k} \leqslant \| \sqrt{V[\bar{g}_n(x)]} \|_{H_k} \| g \|_{H_k} + \| c(x)^T \varepsilon \|_{H_k}.$$

根据引理 F. 8.[165]，令其中 $\alpha := \sigma^2 \to 0$，则在概率 1 下有

$$\lim_{n\to\infty} \lim_{\sigma\to 0} \mathrm{Var}[\bar{g}(x)] = 0.$$

进一步在概率 1 下可得 $\lim\limits_{n\to\infty} \lim\limits_{\sigma\to 0} \| \sqrt{\mathrm{Var}[\bar{g}(x)]} \|_{H_k} \| g \|_{H_k} = 0$. 又因为

$$\| \boldsymbol{c}(\boldsymbol{x})^T \boldsymbol{\varepsilon} \|_{H_k} = \boldsymbol{\varepsilon}^T (\boldsymbol{K}_{XX} + \boldsymbol{\sigma}^2 \boldsymbol{I}_n)^{-1} \boldsymbol{K}_{XX} (\boldsymbol{K}_{XX} + \boldsymbol{\sigma}^2 \boldsymbol{I}_n)^{-1} \boldsymbol{\varepsilon},$$

所以有 $\lim\limits_{n\to\infty} \lim\limits_{\sigma\to 0} \| \boldsymbol{c}(\boldsymbol{x})^T \boldsymbol{\varepsilon} \|_{H_k} = 0$，从而有 $\lim\limits_{n\to\infty} \lim\limits_{\sigma\to 0} \| g(x) - \bar{g}_n(x) \|_{H_k} = 0.$

对于 Fredholm 方程（5.1）式，称解（5.21）式为有限维逼近正则解。无论方差 σ^2 是否为零，解（5.21）式都具有正则化的效果。具体来说，若方差 $\sigma^2 = 0$，则观测数据无误差，此时截断水平 m 起到正则化参数的作用，可对比第 3 章中的插值解（3.23）式；若方差 $\sigma^2 \neq 0$，即观测数据存在误差，则此时截断水平 m 和方差 σ^2 都起到正则化参数的作用，可对比第 4 章中的正则解（4.29）式。此外，它与解（3.23）式和解（4.29）式不同的是可任意选择基函数 $b_1(t)$，$b_2(t)$，…，$b_m(t)$ 展开（未必在解空间 $H = L^2(E)$ 中是正交的），丰富了基函数的选择。

附注 5.2 有限维逼近正则解（5.21）式蕴含两种特殊形式的最小范数解。

一方面，假设 $\sigma^2 = 0$ 以及方程（5.1）式是一个退化方程。此时

$$\begin{aligned}
\bar{f}^{\dagger}_{m,n}(t) &= \boldsymbol{B}^T_m(t) \boldsymbol{A}^{\dagger} \boldsymbol{A} \boldsymbol{B}^{-1} \boldsymbol{C} (\boldsymbol{K}_{XX} + \boldsymbol{\sigma}^2 \boldsymbol{I}_n)^{-1} \boldsymbol{Y}, \\
&= \boldsymbol{B}^T_m(t) \boldsymbol{A}^{\dagger} \boldsymbol{A} \boldsymbol{B}^{-1} \boldsymbol{B} \boldsymbol{A}^T (\boldsymbol{A}^T)^{\dagger} \boldsymbol{B}^{-1} \boldsymbol{A}^{\dagger} \boldsymbol{Y} \\
&= \boldsymbol{B}^T_m(t) \boldsymbol{A}^{\dagger} \boldsymbol{A} \boldsymbol{B}^{-1} \boldsymbol{B} (\boldsymbol{A}^{\dagger} \boldsymbol{A})^T \boldsymbol{B}^{-1} \boldsymbol{A}^{\dagger} \boldsymbol{Y} \\
&= \boldsymbol{B}^T_m(t) \boldsymbol{A}^{\dagger} \boldsymbol{A} \boldsymbol{A}^{\dagger} \boldsymbol{A} \boldsymbol{B}^{-1} \boldsymbol{A}^{\dagger} \boldsymbol{Y} \\
&= \boldsymbol{B}^T_m(t) \boldsymbol{A}^{\dagger} \boldsymbol{A} \boldsymbol{B}^{-1} \boldsymbol{A}^{\dagger} \boldsymbol{Y} \\
&= \bar{f}^{\dagger}_n(t),
\end{aligned}$$

即退化方程的最小范数解析解（3.38）式是解（5.21）式的一种特殊情况。

另一方面，假设 $\sigma^2 = 0$ 以及基函数 $\{b_i(t)\}_{i=1}^{\infty}$ 是规范正交的。此时，有限维逼近正则解（5.21）式可化简为

$$\bar{f}_{m,n}^{\dagger}(t)=\boldsymbol{B}_m^T(t)\boldsymbol{A}^{\dagger}\boldsymbol{Y}. \tag{5.24}$$

回顾级数型最小范数解析解（5.10）式，根据（3.18）式有

$$\begin{aligned}
f^{\dagger}(t) &= \sum_{i=1}^{\infty}\langle g(x),\langle b_i, h_x\rangle_H\rangle_{H_k} b_i(t)\\
&= \sum_{i=1}^{\infty}\langle g(x), a_i(x)\rangle_{H_k} b_i(t)\\
&= \sum_{i=1}^{\infty}\langle \lim_{n\to\infty}\bar{g}_n(x), a_i(x)\rangle_{H_k} b_i(t)\\
&= \lim_{n\to\infty}\sum_{i=1}^{\infty}\langle \bar{g}_n(x), a_i(x)\rangle_{H_k} b_i(t)\\
&= \lim_{n\to\infty}\sum_{i=1}^{\infty}\langle \boldsymbol{K}_{xX}^T\boldsymbol{K}_{XX}^{\dagger}\boldsymbol{Y}, a_i(x)\rangle_{H_k} b_i(t)\\
&= \lim_{n\to\infty}\sum_{i=1}^{\infty} a_i^{\top}(\boldsymbol{X})\boldsymbol{K}_{XX}^{\dagger}\boldsymbol{Y} b_i(t)\\
&= \lim_{n\to\infty}\lim_{m\to\infty}\sum_{i=1}^{m} a_i^T(\boldsymbol{X})\boldsymbol{K}_{XX}^{\dagger}\boldsymbol{Y} b_i(t)\\
&= \lim_{n\to\infty}\lim_{m\to\infty}\boldsymbol{B}_m^T(t)\boldsymbol{A}^T\boldsymbol{K}_{XX}^{\dagger}\boldsymbol{Y}\\
&= \lim_{n\to\infty}\lim_{m\to\infty}\boldsymbol{B}_m^T(t)\boldsymbol{A}^T(\boldsymbol{A}^T)^{\dagger}\boldsymbol{A}^{\dagger}\boldsymbol{Y}\\
&= \lim_{n\to\infty}\lim_{m\to\infty}\boldsymbol{B}_m^T(t)\boldsymbol{A}^{\dagger}\boldsymbol{A}\boldsymbol{A}^{\dagger}\boldsymbol{Y}\\
&= \lim_{n\to\infty}\lim_{m\to\infty}\boldsymbol{B}_m^T(t)\boldsymbol{A}^{\dagger}\boldsymbol{Y}.
\end{aligned}$$

将（5.24）式代入上式可得

$$f^{\dagger}(t)=\lim_{n\to\infty}\lim_{m\to\infty}\bar{f}_{m,n}^{\dagger}(t).$$

因此，在基函数 $\{b_i(t)\}_{i=1}^{\infty}$ 是单位正交且观测数据 $\{x_i, y_i\}_{i=1}^{n}$ 无误差的前提下，级数型最小范数解析解（5.10）式是有限维逼近正则解（5.21）式的极限形式。

附注 5.3　有限维逼近正则解 $\bar{f}_{m,n}^{\dagger}(t)$ 是退化核方程（5.20）式的最小范数解，不是 Fredholm 方程（5.1）式的最小范数解，但是 $\bar{f}_{m,n}^{\dagger}(t)$ 的极限形式为方程（5.1）式的最小范数解。

5.4 算例分析

例 5.3 求解如下 Fredholm 方程[97,147-149]

$$\int_0^1 e^{xt}f(t)\,dt = \frac{e^{x+1}-1}{x+1},\ 0 \leqslant x \leqslant 1. \tag{5.25}$$

在例 2.5 中，已经获得方程（5.25）式的最小范数解析解为 e^t。此外，在例 3.5 中，通过序贯最优试验设计方法也能获得此解析解。本章将使用有限维逼近正则化方法再次讨论此方程。

作为经典的对比算例，Fredholm 方程（5.25）式常被用于检验各种算法的优劣，本书讨论节点 0.1，…，0.9 处的最大绝对误差，其中 Muntz 小波[149]选择 5 个基函数进行逼近，可获得最优的最小绝对误差为 4.21×10^{-5}。

此例中，对积分核 e^{xt} 进行泰勒级数展开，近似解（5.21）式也能逼近 e^t。表 5.1 呈现出在不同数量的试验点和基函数 $\{t^i\}_{i=1}^{\infty}$ 下的最大绝对误差。同样在 5 个基函数下，本书获得的最小绝对误差为 2.30×10^{-5}。

表 5.1 最大绝对误差

n	$m=2$	$m=3$	$m=4$	$m=5$	$m=6$	$m=7$
1	$6.96\times^{-2}$	$6.23\times^{-3}$	$4.13\times^{-4}$	$2.30\times^{-5}$	$1.00\times^{-6}$	$3.02\times^{-8}$
2	$6.96\times^{-2}$	$6.23\times^{-3}$	$4.13\times^{-4}$	$2.30\times^{-5}$	$1.00\times^{-6}$	$3.02\times^{-8}$
3	$6.96\times^{-2}$	$6.23\times^{-3}$	$4.13\times^{-4}$	$2.30\times^{-5}$	$1.00\times^{-6}$	$3.02\times^{-8}$
4	$6.96\times^{-2}$	$6.23\times^{-3}$	$4.13\times^{-4}$	$2.30\times^{-5}$	$9.87\times^{-7}$	$4.93\times^{-8}$
5	$6.96\times^{-2}$	$6.24\times^{-3}$	$4.44\times^{-4}$	$8.40\times^{-5}$	$6.09\times^{-5}$	$1.62\times^{-4}$
6	$6.96\times^{-2}$	$6.24\times^{-3}$	$4.38\times^{-4}$	$4.87\times^{-5}$	$3.85\times^{-5}$	$3.45\times^{-5}$
7	$6.96\times^{-2}$	$6.26\times^{-3}$	$4.52\times^{-4}$	$6.18\times^{-5}$	$7.34\times^{-5}$	$5.75\times^{-5}$
8	$6.96\times^{-2}$	$6.24\times^{-3}$	$3.98\times^{-4}$	$3.84\times^{-5}$	$4.20\times^{-5}$	$3.77\times^{-5}$
9	$6.96\times^{-2}$	$6.21\times^{-3}$	$3.96\times^{-4}$	$3.45\times^{-5}$	$1.75\times^{-5}$	$1.81\times^{-5}$
10	$6.96\times^{-2}$	$6.22\times^{-3}$	$4.39\times^{-4}$	$4.20\times^{-5}$	$1.73\times^{-5}$	$3.53\times^{-5}$

例 5.4 求解如下 Fredholm 方程[148,171]

$$\int_0^1 e^{xt}f(t)\,\mathrm{d}t = \frac{8 + 4x + x^2 + e^x(8 - 16e^{-\frac{x}{2}} - 4x + x^2)}{4x^3}, \tag{5.26}$$

它有解析解 $f(t) = (t - 1/2)|t - 1/2|$.

同例 5.3 记号一致，对积分核 e^{xt} 进行泰勒展开，然后应用有限维逼近正则解（5.21）式对解析解 $f(t) = (t - 1/2)|t - 1/2|$ 进行逼近。

表 5.2 和图 5.1 从不同角度展示逼近解（5.21）式在 0.1，…，0.9 处的绝对误差。有限维逼近正则解在选择 2 个基函数 1，t 时，相对投影法[171]选择 3 个基函数在测试点处有更小的绝对误差。当选择 4 个基函数 1，t，t^2，t^3 时，混合函数法[148]在大多数测试点处有更小的绝对误差。尽管有限维逼近解不再具有插值性质，但它仍关于 0.5 近乎中心对称，故在该点处有较好的逼近效果。

表 5.2 有限维逼近正则解的绝对误差

t	有限维逼近方法 $m = 2$	投影法 $j = 3$	有限维逼近方法 $m = 4$	混合函数法 $N = 2$，$M = 2$
0.1	1.00×10^{-2}	5.70×10^{-2}	4.16×10^{-3}	6.74×10^{-3}
0.2	2.25×10^{-2}	4.64×10^{-2}	3.78×10^{-3}	1.41×10^{-2}
0.3	3.50×10^{-2}	9.21×10^{-2}	2.88×10^{-3}	1.52×10^{-3}
0.4	2.75×10^{-2}	1.43×10^{-1}	7.06×10^{-3}	3.10×10^{-2}
0.5	2.80×10^{-2}	1.33×10^{-1}	2.14×10^{-6}	8.36×10^{-2}
0.6	2.75×10^{-2}	1.43×10^{-1}	7.06×10^{-3}	3.10×10^{-2}
0.7	3.50×10^{-2}	9.19×10^{-2}	2.88×10^{-3}	1.53×10^{-3}
0.8	2.25×10^{-2}	4.62×10^{-2}	3.78×10^{-3}	1.41×10^{-2}
0.9	1.00×10^{-2}	5.70×10^{-2}	4.16×10^{-3}	6.72×10^{-3}

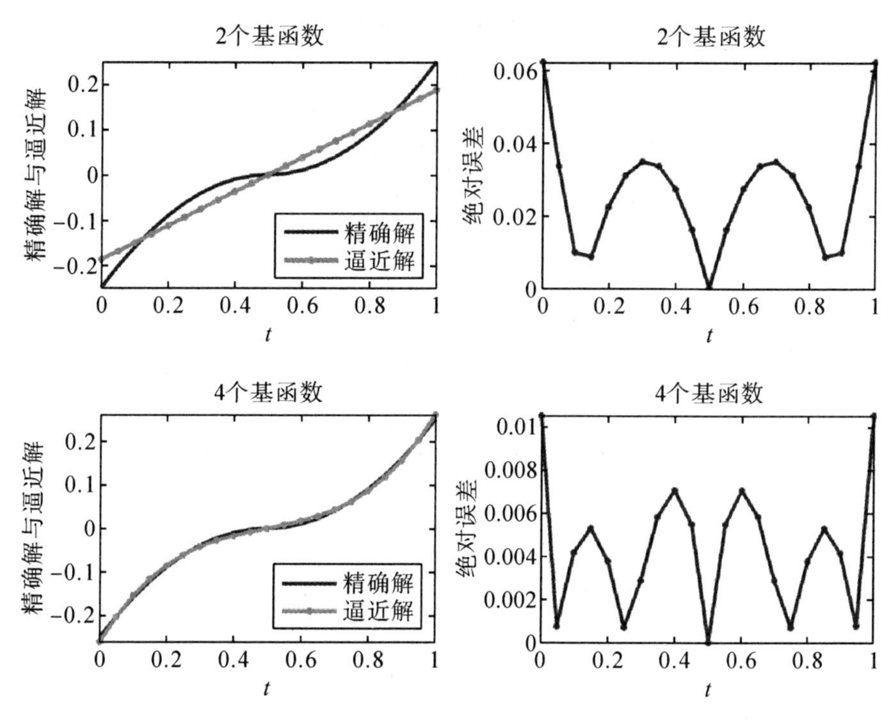

图 5.1　不同基函数下的有限维逼近解及其绝对误差

5.5　小结

Fredholm 方程主要包括两类求解方法：正则化方法和有限维逼近方法。本书第 3、4 章已讨论了正则化方法，本章将基于 H-Hk 结构与 GPR 代理模型研究有限维逼近正则解。基于 H-Hk 结构，定理 5.1 已将经典的 Picard 定理推广到一般情况。基于 GPR 代理模型，定理 5.2 已获得 Fredholm 方程的有限维逼近正则解，并证明：

（1）若观测数据存在误差，则逼近解在概率 1 下依范数收敛于最小范数解；

（2）若观测数据无误差且选用正交基函数，则逼近解逐点收敛于最小范数解。

综上所述，本章所有结果可总结如表 5.3 所示。

表 5.3　基于 GPR 代理模型的有限维逼近解

解空间	主要结果	
$L^2(E)$	$f^\dagger(t) = \sum_{i=1}^{\infty}\lambda_i g_i \varphi_i(t)$（Schmidt-Picard 定理，已有结果）	命题 5.1
	$L^\dagger(g(x))(t) = \sum_{i=1}^{\infty}\langle g(x),\langle b_i, h_x\rangle_H\rangle_{H_k} b_i(t)$（推广 Schmidt-Picard 定理）	定理 5.1
	$\bar{f}^\dagger_{m,n}(t) = \boldsymbol{B}^T_m(t)\boldsymbol{A}^\dagger\boldsymbol{A}\boldsymbol{B}^{-1}\boldsymbol{C}(\boldsymbol{K}_{XX}+\boldsymbol{\sigma}^2\boldsymbol{I}_n)^{-1}\boldsymbol{Y}$（推广定理 5.1）	定理 5.2
	$\lim\limits_{n\to\infty}\lim\limits_{\sigma\to 0}\lim\limits_{m\to\infty}\Vert f^\dagger - \bar{f}^\dagger_{m,n}\Vert_H = 0$（观测数据有误差，依范数收敛）	定理 5.2
	$\lim\limits_{n\to\infty}\lim\limits_{m\to\infty}\bar{f}^\dagger_{m,n}(t) = f^\dagger(t)$（观测数据无误差，逐点收敛）	附注 5.2

6 Burgers 方程算例分析

Burgers 方程作为近似描述湍流现象的经典模型，具有广泛的应用前景。目前，人们感兴趣的是雷诺数如何刻画转捩点，聚焦于其机理的研究。然而，很少有人关注流场的初始状态对转捩现象产生的影响。虽然该问题的本质可归结为如何求解 Burgers 方程的 Cauchy 反问题，但是目前对该反问题的研究[66-69]几乎基于是小雷诺数进行的，不能刻画真实的流场特性。

本章将在大雷诺数下求解 Burgers 方程的 Cauchy 反问题，讨论初始状态对转捩的影响。通过对 Fredholm 方程的求解，本章获得了该 Cauchy 反问题的闭形式插值解。在经典算例进行验证，该插值解能刻画雷诺数与插值点数之间存在匹配的关系，且较大的误差数据对转捩点提前有较大影响，能真实反映流场的特性。

6.1 耗散系统 Burgers 方程

对于 Burgers 方程，可用 Cole－Hopf 变换获得其形式解。设 Burgers 方程

$$\begin{cases} u_t + uu_x = vu_{xx}, & v = 1/Re, \\ u(0,\ t) = u(l,\ t) = 0, & 0 < t < T, \\ u(x,\ 0) = f(x), & 0 < x < l, \end{cases} \tag{6.1}$$

的解 $u(x,\ t)$ 可表示为 $u = \psi_x$，将其代入上式可得

$$\psi_{xt} + \psi_x\psi_{xx} = v\psi_{xxx},$$

再对 x 求不定积分后存在如下关系

$$\psi_t + \psi_x^2/2 = \nu\psi_{xx}.$$

令 $\varphi = e^{-\psi/2v}$，可得

$$\psi_x = -2\nu\frac{\varphi_x}{\varphi},\ \psi_t = -2\nu\frac{\varphi_t}{\varphi},\ \psi_{xx} = -2\nu\frac{\varphi_{xx}\varphi - \varphi_x^2}{\varphi^2}. \tag{6.2}$$

将（6.2）式代入（6.1）式整理可得

$$\varphi_t = \nu\varphi_{xx}. \tag{6.3}$$

再根据（6.2）式，可得非线性 Cole-Hopf 变换

$$u = -2\nu\frac{\varphi_x}{\varphi}. \tag{6.4}$$

将方程（6.1）式中的初始条件 $u(x,\ 0) = f(x)$ 代入（6.4）式可得

$$\varphi(x) := \varphi(x,\ 0) = e^{-\frac{1}{2v}\int_0^x f(\eta)\mathrm{d}\eta}. \tag{6.5}$$

进一步可得齐次线性热传导方程

$$\begin{cases} \varphi_t = \nu\varphi_{xx}, & 0 < t < T, \\ \varphi(x) = e^{-\frac{1}{2v}\int_0^x f(\eta)\mathrm{d}\eta}, & 0 < x < l, \end{cases} \tag{6.6}$$

它的积分形式解为

$$\varphi(x,\ t) = \frac{1}{\sqrt{4\pi vt}}\int_{-\infty}^{\infty}\varphi(x)e^{-\frac{(x-y)^2}{4vt}}\mathrm{d}y.$$

记 $G := \int_0^y f(\eta)\mathrm{d}\eta + \frac{(x-y)^2}{2t}$，将上式代入（6.4）式可得 Burgers 方程（6.1）式的解

$$u(x,\ t) = \frac{\int_{-\infty}^{\infty}\frac{x-y}{t}e^{-\frac{G}{2v}}\mathrm{d}y}{\int_{-\infty}^{\infty}e^{-\frac{G}{2v}}\mathrm{d}y}. \tag{6.7}$$

若用分离变量法求解热传导方程（6.6）式，再通过 Cole-Hopf 变换，可得 Burgers 方程有如下形式的解

$$u(x,\ t) = \frac{2\pi v\sum_{n=1}^{\infty}a_n \mathrm{e}^{-(\frac{n\pi}{l})^2 vt} n\sin(\frac{n\pi}{l}x)}{a_0 + \sum_{n=1}^{\infty}a_n \mathrm{e}^{-(\frac{n\pi}{l})^2 vt}\cos(\frac{n\pi}{l}x)}, \tag{6.8}$$

其中 $a_0 = \frac{1}{l}\int_0^l \varphi(s)\mathrm{d}s$，$a_n = \frac{2}{l}\int_0^l \varphi(s)\cos(\frac{n\pi s}{l})\mathrm{d}s$，$\quad n = 1,\ 2,\ 3,\ \cdots$.

虽然 Burgers 方程具有（6.7）式和（6.8）式的解，但它们都包含积分项，需要进行数值积分，很难获得解析解。目前，Wood[34] 已给出如下 Burgers 方程

$$
\begin{cases}
u_t + uu_x = vu_{xx}, & 0 < x < 1, \\
u(x, 0) = \dfrac{2v\pi\sin(\pi x)}{a + \cos(\pi x)}, & \\
u(0, t) = u(1, t) = 0, & 0 < t < 1,
\end{cases}
\tag{6.9}
$$

的解析解为

$$
u(x, t) = \frac{2v\pi\sin(\pi x)e^{-\pi^2 vt}}{a + \cos(\pi x)e^{-\pi^2 vt}}, \quad t \in [0, 1], \tag{6.10}
$$

其中 $a > 1$ 为常数。

对于 Burgers 方程的 Cauchy 正反问题，方程（6.9）式作为经典算例常被用于检验各种数值算法的优劣。

6.2 Burgers 方程 Cauchy 反问题

对于 Burgers 方程，其 Cauchy 反问题可描述为：已知 Burgers 方程末时刻 T 的表达 $u(x, T)$ 满足

$$
\begin{cases}
u_t + uu_x = vu_{xx}, & v = 1/Re, \\
u(0, t) = u(l, t) = 0, & 0 < t < T, \\
u(x, T) = F(x), & 0 < x < l,
\end{cases}
\tag{6.11}
$$

需确定 $t_0 \in [0, T)$ 时刻的表达 $u(x, t_0) = f_{t_0}(x)$.

6.2.1 Cauchy 反问题的插值解

为便于对 Burgers 方程 Cauchy 反问题的求解过程的叙述，现只求解该反问题的初时刻分布 $u(x, 0)$。

首先，根据 Cole-Hopf 变换，可知热传导方程（6.6）式在 $t = T$ 的分布为

$$
g(x) := \varphi(x, T) = e^{-\frac{1}{2v}\int_0^x F(\eta)\mathrm{d}\eta}. \tag{6.21}
$$

其次，根据分离变量法，可知热传导方程有如下的形式解

$$\varphi(x, t) = a_0 + \sum_{i=1}^{\infty} a_i \mathrm{e}^{-(\frac{i\pi}{l})^2 vt} \cos(\frac{i\pi}{l} x), \tag{6.13}$$

$$a_0 = \frac{1}{l}\int_0^l \varphi(s)\mathrm{d}s, \ a_i = \frac{2}{l}\int_0^l \varphi(s)\cos(\frac{i\pi}{l}s)\mathrm{d}s, \quad i = 1, 2, 3, \cdots. \tag{6.14}$$

将（6.13）式和（6.14）式代入（6.12）式可得第一类 Fredholm 积分方程

$$\int_0^l h(x, s)\varphi(s)\mathrm{d}s = g(x), \tag{6.15}$$

其中积分核

$$h(x, s) = \frac{1}{l} + \frac{2}{l}\sum_{i=1}^{\infty} e^{-(\frac{i\pi}{l})^2 vT} \cos(\frac{i\pi}{l}x)\cos(\frac{i\pi}{l}s). \tag{6.16}$$

本书将采用定理 3.1 中的最小范数插值解（3.23）式对方程（6.15）式进行求解。

此时，RKHSH_k 的再生核为

$$k(x, y) = \frac{1}{l} + \frac{2}{l}\sum_{i=1}^{\infty} e^{-2(\frac{i\pi}{l})^2 vT} \cos(\frac{i\pi}{l}x)\cos(\frac{i\pi}{l}y), \ x, y \in R. \tag{6.17}$$

对于 n 个插值数据 $\{x_i, g(x_i)\}_{i=1}^{n}$，由（3.23）式可得如下的最小范数插值解

$$\bar{\varphi}_n^{\dagger}(s) = \boldsymbol{H}_{sX}^T \boldsymbol{K}_{XX}^{\dagger} \boldsymbol{g}_X, \ 1 \leqslant s \leqslant l, \tag{6.18}$$

其中 $H_{sX}^T = (h(x_1, s), \cdots, h(x_n, s))$，$h(x_i, s)$ 由（6.16）式定义，核矩阵 K_{XX} 的元素 $k(x_i, x_j)$ 由（6.17）式定义，$g_X = (g(x_1), \cdots, g(x_n))^{\top}$。

最后，再根据 Cole-Hopf 变换可得 Cauchy 反问题（6.11）式的插值解为

$$\bar{f}_n^{\dagger}(s) = -2v\frac{(\boldsymbol{H}_{sX}^T)' \boldsymbol{K}_{XX}^{\dagger} g_X}{\boldsymbol{H}_{sX}^T \boldsymbol{K}_{XX}^{\dagger} g_X}, \ 1 \leqslant s \leqslant l, \tag{6.19}$$

其中 $(H_{sX}^T)'$ 表示 H_{sX}^T 是变量 s 的导数。

对于其他时刻 $t_0 \in (0, T)$ 的分布，只需求解如下方程

$$\int_0^l h_{t_0}(x, s)\varphi(s)\mathrm{d}s = g(x), \tag{6.20}$$

其中自由项 $g(x)$ 由（6.12）式定义，积分核和再生核分别为

$$h_{t_0}(x,\ s)=\frac{1}{l}+\frac{2}{l}\sum_{i=1}^{\infty}e^{-(\frac{i\pi}{l})^2v(T-t_0)}\cos(\frac{i\pi}{l}x)\cos(\frac{i\pi}{l}s),$$

$$k_{t_0}(x,\ y)=\frac{1}{l}+\frac{2}{l}\sum_{i=1}^{\infty}e^{-2(\frac{i\pi}{l})^2v(T-t_0)}\cos(\frac{i\pi}{l}x)\cos(\frac{i\pi}{l}y),\ x,\ y\in R,$$

获得方程（6.20）式的插值解后，再根据 Cole-Hopf 变换，可得 Burgers 方程的 Cauchy 反问题的插值解。

6.2.2 经典算例分析

在 W. L. Wood 给出的 Burgers 方程（6.9）式中，若取定 $a=2$，则其 Cauchy 反问题可描述为：已知 $u(x,\ 1)$ 的分布

$$\begin{cases}u_t+uu_x=vu_{xx}, & v=1/Re,\\ u(x,\ 1)=\dfrac{2v\pi\sin(\pi x)e^{-\pi^2v}}{2+\cos(\pi x)e^{-\pi^2v}}, & 0<x<1,\\ u(0,\ t)=u(1,\ t)=0, & 0<t<1,\end{cases}\tag{6.21}$$

需确定 $t_0\in[0,\ 1)$ 时刻的分布

$$u(x,\ t_0)=\frac{2v\pi\sin(\pi x)e^{-\pi^2vt_0}}{2+\cos(\pi x)e^{-\pi^2vt_0}},\tag{6.22}$$

其中 $v=1/Re$，Re 为雷诺数。

6.2.2.1 初始状态分析

首先，对 Cauchy 反问题（6.21）式中的初始状态 $u(x,\ 0)$ 进行讨论。根据非线性 Cole-Hopf 变换，可知该反问题可转化为如下的 Fredholm 方程

$$\int_0^1 h(x,\ s)\varphi(s)\mathrm{d}s=g(x),\tag{6.23}$$

其中自由项、积分核和再生核分别表示为

$$g(x):=\varphi(x,\ 1)=2+e^{-\pi^2v}\cos\pi x,\tag{6.24}$$

$$h(x,\ s)=1+2\sum_{i=1}^{\infty}e^{-i^2\pi^2v}\cos(i\pi x)\cos(i\pi s),$$

$$k(x,\ y)=1+2\sum_{i=1}^{\infty}e^{-2i^2\pi^2v}\cos(i\pi x)\cos(i\pi y),\ x,\ y\in R.$$

对于 n 个插值数据 $\{x_i,\ g(x_i)\}_{i=1}^{n}$，根据（6.18）式，可得积分方程（6.23）式的最小范数插值解

$$\bar{\varphi}_n^{\dagger}(s)=\boldsymbol{H}_{sX}^T\boldsymbol{K}_{XX}^{\dagger}g_X,\ 1\leqslant s\leqslant 1, \tag{6.25}$$

进一步，根据（6.19）式或 Cole-Hopf 变换，可得 Burgers 方程 Cauchy 反问题（6.21）式的插值解为

$$\bar{f}_n^{\dagger}(s)=-2v\frac{(\boldsymbol{H}_{sX}^T)'\boldsymbol{K}_{XX}^{\dagger}g_X}{\boldsymbol{H}_{sX}^T\boldsymbol{K}_{XX}^{\dagger}g_X},\ 1\leqslant s\leqslant 1, \tag{6.26}$$

其中 $(H_{sX}^T)'$ 表示 H_{sX}^T 是变量 s 的导数。

图 6.1 展示了耗散系统从粘性占主导到惯性占主导的演变过程，以及插值解的逼近效果从较好到较差的转变。对于固定的插值数据，随着雷诺数 Re 增加，当它匹配到插值点数 $n=11$ 时，有较好的逼近效果。若雷诺数 Re 继续增加，从刚开始的小波动到激波的出现，耗散系统进入一种混沌无序状态，若雷诺数继续增加，激波现象更严重，最后出现湍流现象。

图 6.2 展示在大雷诺数下，插值点数 n 也需匹配雷诺数 Re，这表明了随着插值点数 n 递增，耗散系统从刚开始的激波状态转变为一种有序状态，即出现耗散结构。随着插值点数 n 继续递增，耗散系统趋于稳定。图 6.2 已表明，随着 n 增加，只要它突破某一阈值后，耗散系统 Burgers 方程将出现相变，系统就会出现耗散结构。耗散系统相变的根本原因是 Fredholm 方程（6.23）式的自由项随插值点数 n 递增会越过差空间 $\overline{R(L)}\setminus R(L)$ 收敛于值域空间 $R(L)$。

图 6.3 在雷诺数 $Re=10^6$ 的前提下，展示不同误差方差对 Cauchy 反问题的插值解产生的不确定性影响。在较小的误差方差 $\sigma=10^{-5}$ 下，误差数据对耗散系统的插值解产生较小不确定性影响，如图 6.2 所示，耗散系统仍会保持稳定。在较大的误差方差 $\sigma=10^{-1}$ 下，较少的数据点产生较小的不确定性，系统还能捕捉更多局部信息，但是当误差累积到某一阈值后，插值解的不确定性增加，这导致耗散系统表现出各种形式的混沌现象。发生该现象的根本原因是 Fredholm 方程（6.23）式的自由项随不确定性增加不再收敛，穿梭于 $\overline{R(L)}\setminus R(L)$ 与 $R(L)$ 之间。

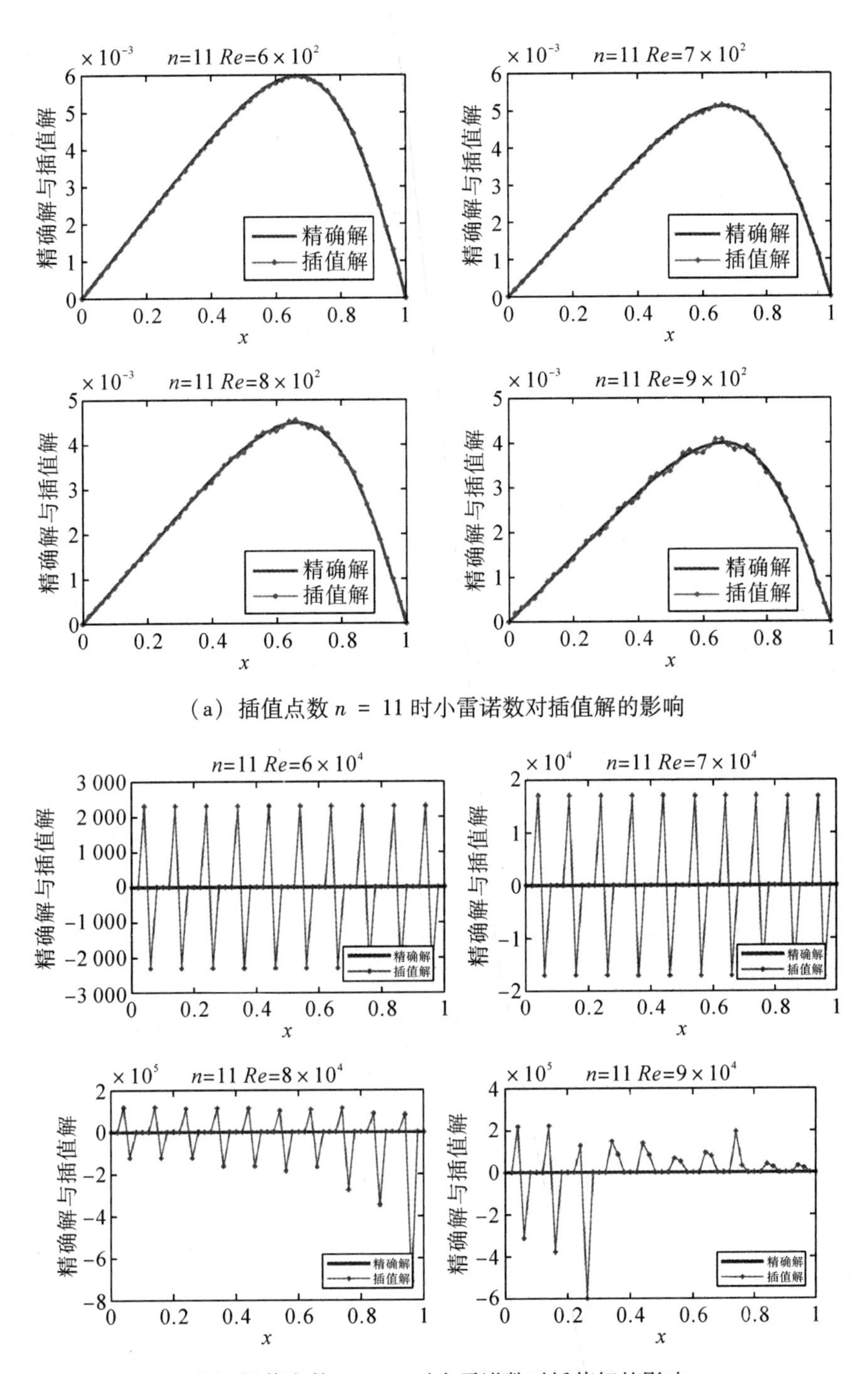

（a）插值点数 $n = 11$ 时小雷诺数对插值解的影响

（b）插值点数 $n = 11$ 时大雷诺数对插值解的影响

图 6.1　插值点数 $n = 11$ 时不同雷诺数对插值解的影响

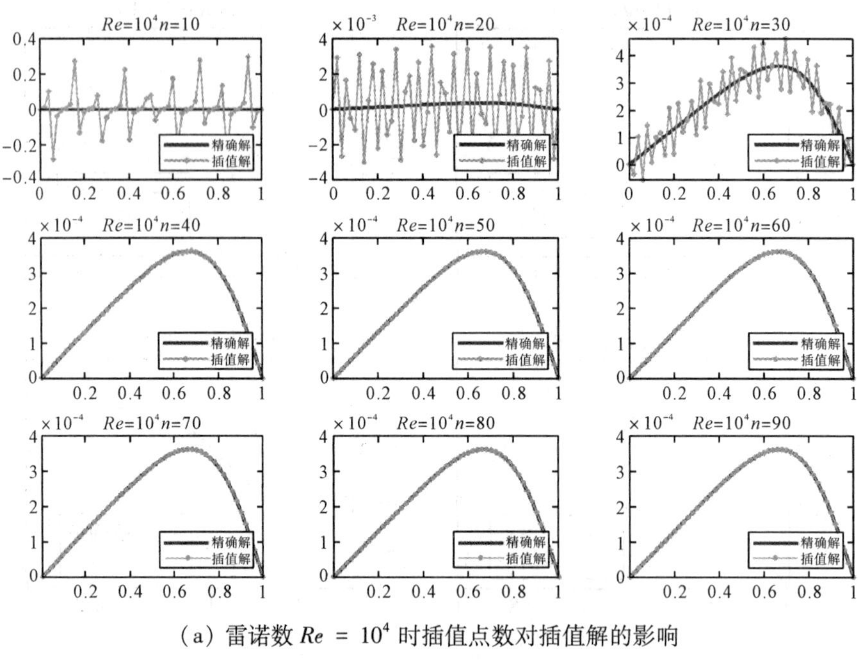

(a) 雷诺数 $Re = 10^4$ 时插值点数对插值解的影响

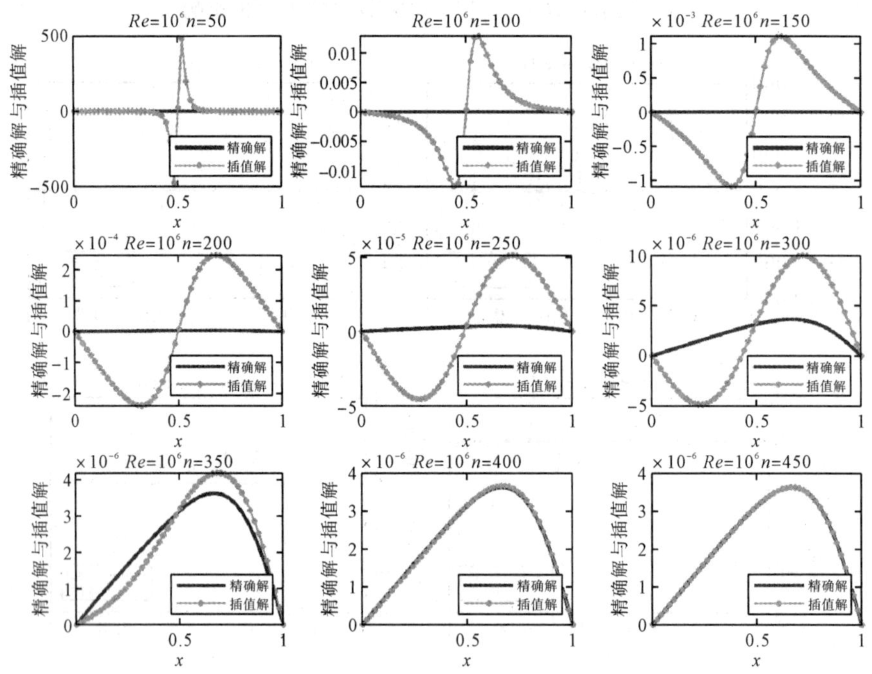

(b) 雷诺数 $Re = 10^6$ 时插值点数对插值解的影响

图 6.2　不同雷诺数下插值点数对插值解的影响

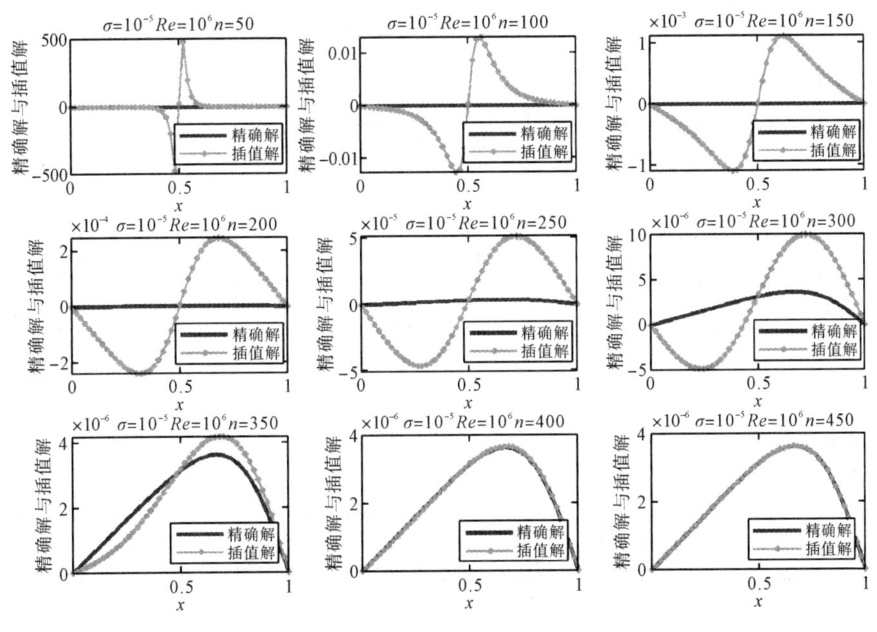

(a) 误差方差 $\sigma = 10^{-5}$ 时转捩点不会提前

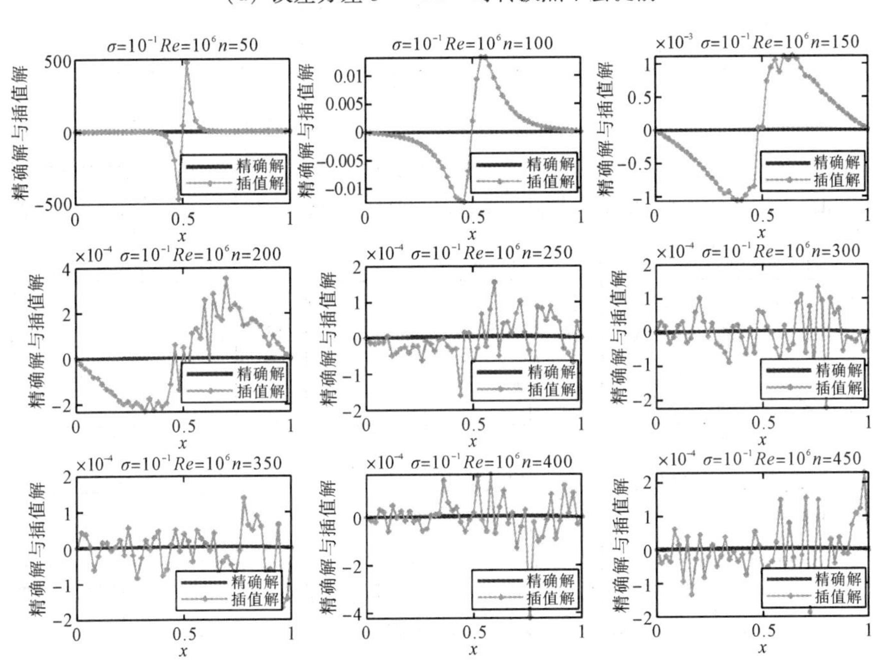

(b) 误差方差 $\sigma = 10^{-1}$ 时转捩点不会提前

图 6.3 不同误差方差对转捩点的影响

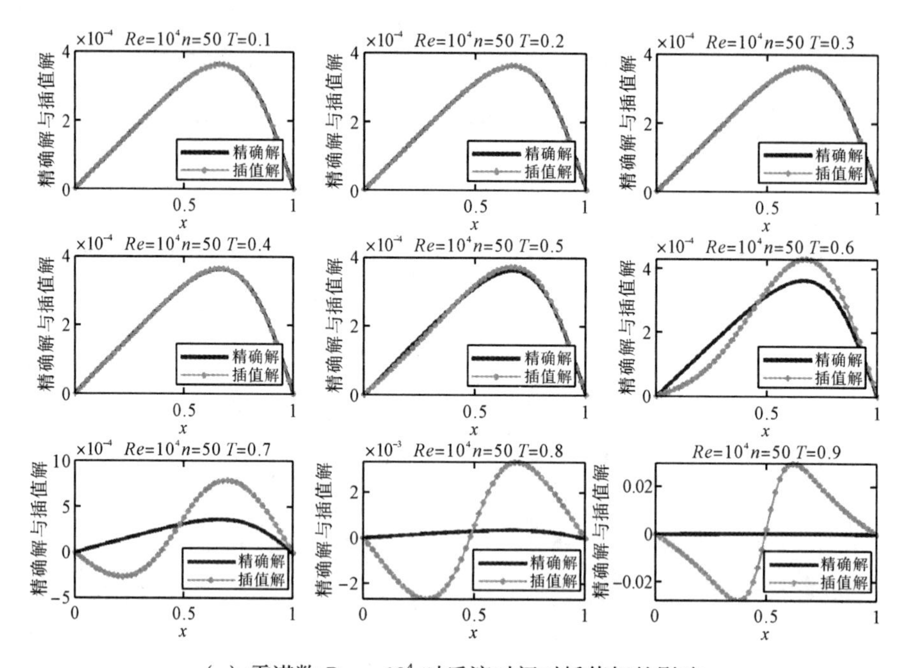

(a) 雷诺数 $Re = 10^4$ 时反演时间对插值解的影响

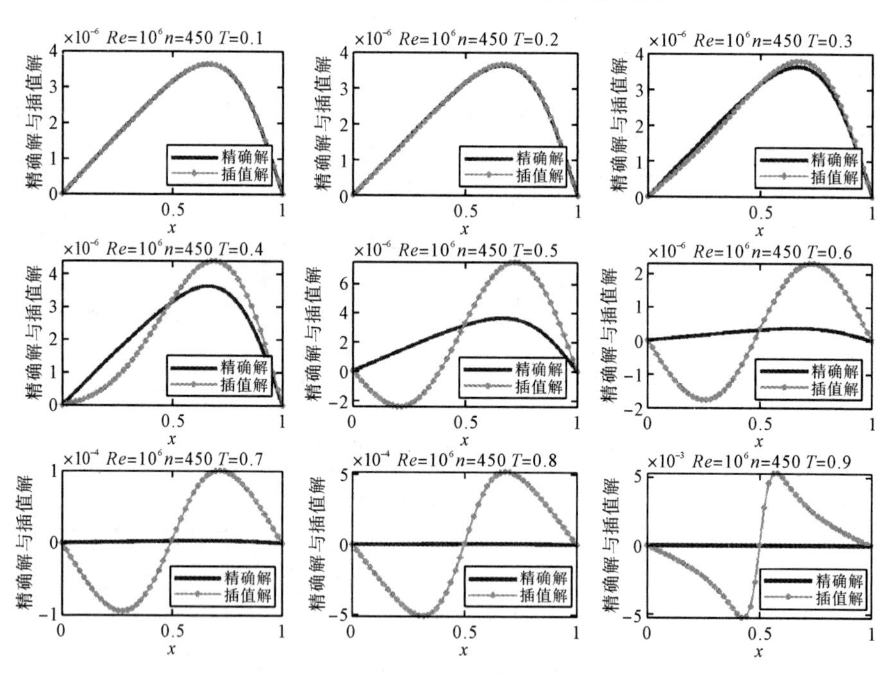

(c) 雷诺数 $Re = 10^6$ 时反演时间对插值解的影响

图 6.4 不同雷诺数下反演时间对插值解的影响

6.2.2.2 演变过程分析

对于其他时刻 $t_0 \in (0, 1)$ 的反演，只需求解如下方程

$$\int_0^1 h_{t_0}(x, s)\varphi(s)\mathrm{d}s = g(x), \tag{6.27}$$

其中自由项 $g(x)$ 由（6.24）式定义，积分核为

$$h_{t_0}(x, s) = 1 + 2\sum_{n=1}^{\infty} e^{-n^2\pi^2 v(1-t_0)}\cos(n\pi x)\cos(n\pi s),$$

此时可仿照上一节进行讨论，也能获得类似（6.26）式的插值解。

图 6.4 展示了插值解在不同时刻的反演结果。若雷诺数 Re 与插值点数 n 之间已经建立了匹配关系，随着反演时间递减，耗散结构不仅体现在空间上也体现在时间上。

6.3 小结

本章从两个方面对耗散系统 Burgers 方程 Cauchy 反问题进行研究：一是插值解对耗散系统的影响，二是耗散结构的相变机理。

首先，通过 Cole-Hopf 变换，Fredholm 方程的插值解可变换出 Burgers 方程 Cauchy 反问题的闭形式插值解

$$\bar{f}_n^{\dagger}(s) = -2v\frac{(\boldsymbol{H}_{sX}^T)'\boldsymbol{K}_{XX}^{\dagger}g_X}{\boldsymbol{H}_{sX}^T\boldsymbol{K}_{XX}^{\dagger}g_X}, \quad 1 \leqslant s \leqslant l.$$

其次，耗散结构的相变阈值界限表现为 Fredholm 方程的可解性边界 $\overline{R(L)} \setminus R(L)$，即当雷诺数接近阈值时需要更多插值点才能保证 Fredholm 方程的自由项位于其值域 $R(L)$ 中。

最后，在较大的数据误差下，Burgers 方程 Cauchy 反问题的插值解会表现出严重的混沌现象；在较小的数据误差前提下，插值解会收敛于 Cauchy 反问题的真实解，耗散系统稳定。

7 总结

在数值风洞中，航空飞行器数值模拟时涉及复杂的流体计算问题，特别是大雷诺数会导致转捩点的出现，此时流体流动状态的计算与估计通常涉及多维变量且有较高的计算代价。Burgers 方程可对流动状态进行近似描述，但其突变特性及误差数据产生的不确定性估计问题会严重影响数值模拟效果。本书从 Cole-Hopf 变换出发，围绕 Fredholm 方程的相变特性及误差数据产生的不确定性估计问题开展研究，现将主要的研究成果总结如下：

（1）基于 H-Hk 结构，获得了 Fredholm 方程多种形式的解析解。

首先，总结了解析解已有的方法与结论。其次，在退化核方程中引入 H-Hk 结构，并将其延拓到一般的 Fredholm 方程，建立并证明 $R(L)$ 与 $N(L)^{\perp}$ 的等距同构关系。最后，基于该同构关系，讨论了 Fredholm 方程的解可能存在的情形，并相应地给出多种形式的算子型最小范数解析解。

（2）基于 Kriging 插值代理模型，获得了 Fredholm 方程多种形式的插值解及不确定性估计。

首先，回顾了算子型最小范数解析解可能存在的再生核演算困难问题。其次，介绍了 Kriging 插值代理模型，并基于该模型给出了多种形式的最小范数插值解及其不确定性估计，还讨论了插值解的收敛性问题。再次，考虑插值节点的选取问题，提出了最优序贯选点策略。相对于均匀选点策略，该策略用较少的插值节点就能确保精确性和稳定性。特别地，本书根据该策略还证明了退化核方程必在有限步内获得其最小范数解。最后，揭示了 Burgers 方程的相变机理本质上为 Fredholm 方程的可解性边界。数值实验表明，Burgers 方程 Cauchy 反问题的可解性随插值点数递增而变得明晰（从 Fredholm 方程进行解释，自由项随插值点数增加将完全属于其值域空间）。

（3）基于 GPR 代理模型，在概率意义下获得了 Fredholm 方程多种形式的最小范数正则解及不确定性估计。

首先，回顾了 Fredholm 方程的插值解的适用场景，阐述了需研究样本存在误差情形的必要性。其次，介绍了高斯过程回归代理模型，并基于该模型给出了多种形式的最小范数正则解，此外还讨论了收敛性问题及正则化参数选取问题；再次，研究了 Fredholm 方程的可解性问题，这是研究 Burgers 方程相变机理的关键，获得了自由项 $g(x)$ 属于差空间 $\overline{R(L)} \setminus R(L)$ 当且仅当 Fredholm 方程不可解的结论，并证明该差空间由无穷个严格稠密的再生核 Hilbert 空间构成。最后，数值实验表明，较大的数据误差对耗散系统 Burgers 方程 Cauchy 反问题的数值解有较大影响，这导致 Cauchy 反问题不可解，表现为转捩现象提前。

（4）基于 H-Hk 结构和 GPR 代理模型，推广了经典的 Picard 定理，并获得了 Fredholm 方程的一类具有普适性的有限维逼近正则解。

首先，回顾了插值解和正则解的适用场景，阐述研究有限维逼近解的必要性；其次，基于 H-Hk 结构，将 Picard 定理中的特征函数推广到一般的正交基函数，获得了 Fredholm 方程的级数型最小范数解。最后，基于 GPR 代理模型，再将正交基函数推广到一般的基函数，获得了一类普适性的有限维逼近正则解，为求解 Fredholm 方程提供了更多选择。

（5）本书基于 Kriging 插值代理模型，获得了大雷诺数下 Burgers 方程 Cauchy 反问题的闭形式插值解。

通过对 Fredholm 方程的研究，获得了其一类最小范数插值解，根据 Cole-Hopf 变换，可得到 Burgers 方程 Cauchy 反问题的闭形式插值解。数值实验表明，该插值解能刻画大雷诺数对转捩带来的影响，能描述真实的流场特性，能为精确数值模拟航空飞行器奠定基础。

参考文献

[1] PRIGOGINE I, LEFEVER R. Symmetry breaking instabilities in dissipative systems. II [J]. The journal of chemical physics, 1968, 48 (4): 1695-1700.

[2] PRIGOGINE I. Time, structure, and fluctuations [J]. Science, 1978, 201 (4358): 777-785.

[3] KONDEPUDI D, PRIGOGINE I. Modern thermodynamics: from heat engines to dissipative structures [M]. Hoboken: John Wiley & Sons, 2014.

[4] GALLOPÍN G C. Cities, sustainability, and complex dissipative systems. A perspective [J]. Frontiers in sustainable cities, 2020 (2): 523491.

[5] SINGH P. The application of the governing principle of dissipative processes to Benard convection [J]. International journal of heat and mass transfer, 1976, 19 (6): 581-588.

[6] BODENSCHATZ E, PESCH W, AHLERS G. Recent developments in rayleigh-Benard convection [J]. Annual review of fluid mechanics, 2000, 32 (1): 709-778.

[7] ECKE R E, SHISHKINA O. Turbulent rotating rayleigh-benard convection [J]. Annual review of fluid mechanics, 2023 (55): 603-638.

[8] DEACON T, KOUTROUFINIS S. Complexity and dynamical depth [J]. Information, 2014, 5 (3): 404-423.

[9] KLINE S J, REYNOLDS W C, SCHRAUB F, et al. The structure of turbulent boundary layers [J]. Journal of fluid mechanics, 1967, 30(4): 741-773.

[10] CORDERO A, FRANQUES A, TORREGROSA J R. Numerical solution of turbulence problems by solving Burgers' equation [J]. Algorithms, 2015,

8 (2): 224-233.

[11] CALDWELL J, WANLESS P, COOK A. Solution of Burgers' equation for large Reynolds number using finite elements with moving nodes [J]. Applied mathematical modelling, 1987, 11 (3): 211-214.

[12] MURRAY B P, BUSTAMANTE M D. Energy flux enhancement, intermittency and turbulence via Fourier triad phase dynamics in the 1-D Burgers equation [J]. Journal of fluid mechanics, 2018 (850): 624-645.

[13] BONKILE M P, AWASTHI A, LAKSHMI C, et al. A systematic literature review of Burgers' equation with recent advances [J]. Pramana, 2018, 90: 1-21.

[14] 王晓东，康顺. 多项式混沌法求解随机 Burgers 方程 [J]. 工程热物理学报，2010，31 (3): 393-398.

[15] PETTERSSON P, IACCARINO G, NORDSTRÖM J. Numerical analysis of the Burgers' equation in the presence of uncertainty [J]. Journal of computational physics, 2009, 228 (22): 8394-8412.

[16] PETTERSSON P, NORDSTRöM J, IACCARINO G. Boundary procedures for the time dependent Burgers' equation under uncertainty [J]. Acta mathematica scientia, 2010, 30 (2): 539-550.

[17] 王玉龙，欧阳洁，王晓东，等. 改进节点积分的无单元 Galerkin 法及其在流动问题中的应用 [J]. 空气动力学学报，2012，30 (3): 358-364.

[18] ZHANG Y, HUANG J, GAO Z, et al. Inverse design of low boom configurations using proper orthogonal decomposition and augmented Burgers equation [J]. Chinese journal of aeronautics, 2019, 32 (6): 1380-1389.

[19] SUGIMOTO N. Burgers equation with a fractional derivative; hereditary effects on nonlinear acoustic waves [J]. Journal of fluid mechanics, 1991 (225): 631-653.

[20] 乔建领，韩忠华，丁玉临，等. 基于广义 Burgers 方程的超声速客机远场声爆高精度预测方法 [J]. 空气动力学学报，2019，37 (4): 663-674.

[21] 崔青，白俊强，宋源，等. 基于增广 Burgers 方程的超声速客机远场声爆预测研究 [J]. 航空工程进展，2021，12 (2): 88-97.

[22] YANG X, MACHADO J T, HRISTOV J. Nonlinear dynamics for local fractional Burgers equation arising in fractal flow [J]. Nonlinear dynamics, 2016

(84)：3-7.

[23] 曹金亮. 几类推广交通流模型的分析及其应用 [D]. 西安：西北工业大学，2018.

[24] ZHANG T, WEN X, LIN Z. Continuous limit, various exact solutions, kink soliton resonant phenomena and dynamical behaviors for a discrete Burgers equation [J]. Results in physics, 2022 (36): 105409.

[25] BATEMAN H. Some recent researches on the motion of fluids [J]. Monthly weather review, 1915, 43 (4): 163-170.

[26] BURGERS J M. A mathematical model illustrating the theory of turbulence [J]. Advances in applied mechanics, 1948 (1): 171-199.

[27] BURGERS J M. Mathematical examples illustrating relations occurring in the theory of turbulent fluid motion [M]. New York: Springer, 1995.

[28] COLE J D. On a quasi-linear parabolic equation occurring in aerodynamics [J]. Quarterly of applied mathematics, 1951, 9 (3): 225-236.

[29] BENTON E R, PLATZMAN G W. A table of solutions of the one-dimensional Burgers equation [J]. Quarterly of applied mathematics, 1972, 30 (2): 195-212

[30] CALDWELL J, SMITH P. Solution of Burgers' equation with a large Reynolds number [J]. Applied mathematical modelling, 1982, 6 (5): 381-385.

[31] 杨先林. Burgers 方程的精确解 [J]. 动力学与控制学报，2006，4 (4)：308-311.

[32] INC M. The approximate and exact solutions of the space-and time-fractional Burgers equations with initial conditions by variational iteration method [J]. Journal of mathematical analysis and applications, 2008, 345 (1): 476-484.

[33] BIAZAR J, AMINIKHAH H. Exact and numerical solutions for non-linear Burgers equation by VIM [J]. Mathematical and computer modelling, 2009, 49 (7): 1394-1400.

[34] WOOD W L. An exact solution for Burger's equation [J]. International journal for numerical methods in biomedical engineering, 2010, 22 (7): 797-798.

[35] LI L, LI D. Exact solutions and numerical study of time fractional Burgers equations [J]. Applied mathematics letters, 2020 (100): 106011.

[36] FLETCHER C A. Generating exact solutions of the two-dimensional Burgers equations [J]. International journal for numerical methods in fluids, 1983, 3: 213-216.

[37] KHAN M. A novel solution technique for two dimensional Burgers e-quation [J]. Alexandria engineering journal, 2014, 53 (2): 485-490.

[38] GAO Q, ZOU M. An analytical solution for two and three dimensional nonlinear Burgers equation [J]. Applied mathematical modelling, 2017, 45: 255-270.

[39] MOATIMID G, ELSHIEKH R M, ALNOWEHY A. New exact solutions for the variable coefficient two-dimensional Burgers equation without re-strictions on the variable coefficient [J]. Nonlinear science letters A, 2013 (4): 1-7.

[40] ABDULWAHHAB M A. Exact solutions and conservation laws of the system of two-dimensional viscous Burgers equations [J]. Communications in nonlinear science and numerical simulation, 2016 (39): 283-299.

[41] YANO M, PATERA A T, URBAN K. A space-time hp-interpolation-based certified reduced basis method for Burgers' equation [J]. Mathematical models and methods in applied sciences, 2014, 24 (9): 1903-1935.

[42] DEHGHAN M, SARAY B N, LAKESTANI M. Mixed finite difference and Galerkin methods for solving Burgers equations using interpolating scaling functions [J]. Mathematical methods in the applied sciences, 2014, 37 (6): 894-912.

[43] LIU F, WANG Y, LI S. Barycentric interpolation collocation method for solving the coupled viscous Burgers' equations [J]. International journal of computer mathematics, 2018, 95 (11): 2162-2173.

[44] JAIN P, HOLLA D. Numerical solutions of coupled Burgers' equation [J]. International journal of non-linear mechanics, 1978, 13 (4): 213-222.

[45] HASSANIEN I, SALAMA A, HOSHAM H A. Fourth-order finite difference method for solving Burgers' equation [J]. Applied mathematics and computation, 2005, 170 (2): 781-800.

[46] SARI M, GÜRARSLAN G. A sixth-order compact finite difference scheme to the numerical solutions of Burgers' equation [J]. Applied mathematics and computation, 2009, 208 (2): 475-483.

[47] HAQ S, HUSSAIN A, UDDIN M. On the numerical solution of nonlinear Burgers type equations using meshless method of lines [J]. Applied mathematics and computation, 2012, 218 (11): 6280-6290.

[48] XIE H, LI D. A meshless method for Burgers' equation using MQ-RBF and high-order temporal approximation [J]. Applied mathematical modelling, 2013, 37 (22): 9215-9222.

[49] ORUÇ Ö. Two meshless methods based on pseudo spectral delta-shaped basis functions and barycentric rational interpolation for numerical solution of modified Burgers equation [J]. International journal of computer mathematics, 2021, 98 (3): 461-479.

[50] BERTOLUZZA S. Adaptive wavelet collocation method for the solution of Burgers equation [J]. Transport theory and statistical physics, 1996, 25 (3): 339-352.

[51] JIWARI R. A Haar wavelet quasilinearization approach for numerical simulation of Burgers' equation [J]. Computer physics communications, 2012, 183 (11): 2413-2423.

[52] LIU X, ZHOU Y, ZHANG L, et al. Wavelet solutions of Burgers' equation with high Reynolds numbers [J]. Science China technological sciences, 2014 (57): 1285-1292.

[53] MITTAL R, PANDIT S. Sensitivity analysis of shock wave Burgers' equation via a novel algorithm based on scale-3 Haar wavelets [J]. International journal of computer mathematics, 2018, 95 (3): 601-625.

[54] 万德成，韦国伟. 用拟小波方法数值求解 Burgers 方程 [J]. 应用数学和力学, 2000, 21 (10): 991-1001.

[55] OHWADA T. Cole-Hopf transformation as numerical tool for the Burgers equation [J]. Applied and computational mathematics, 2009, 8 (1): 107-113.

[56] RONG F, LI Q, SHI B, et al. A lattice Boltzmann model based on Cole-Hopf transformation for n-dimensional coupled Burgers' equations [J].

Computers & mathematics with applications, 2023 (134): 101-111.

[57] LIN C, GU M, YOUNG D, et al. Localized method of approximate particular solutions with Cole-Hopf transformation for multi-dimensional Burgers equations [J]. Engineering analysis with boundary elements, 2014 (40): 78-92.

[58] ELGINDY K T, DAHY S A. High-order numerical solution of viscous Burgers' equation using a Cole-Hopf barycentric Gegenbauer integral pseudospectral method [J]. Mathematical methods in the applied sciences, 2018, 41 (16): 6226-6251.

[59] EGIDI N, MAPONI P, QUADRINI M. An integral equation method for the numerical solution of the Burgers equation [J]. Computers & mathematics with applications, 2018, 76 (1): 35-44.

[60] HON Y, MAO X. An efficient numerical scheme for Burgers' equation [J]. Applied mathematics and computation, 1998, 95 (1): 37-50.

[61] 邹明宇. Burgers 方程的解析解和半解析数值方法 [D]. 大连: 大连理工大学, 2016.

[62] BERTINI L, CANCRINI N, JONALASINIO G. The stochastic Burgers equation [J]. Communications in mathematical physics, 1994 (165): 211-232.

[63] WAZWAZ A M. Multiple-front solutions for the Burgers equation and the coupled Burgers equations [J]. Applied mathematics and computation, 2007, 190 (2): 1198-1206.

[64] LIU Y, CHEN B, HUANG X, et al. Qualitative geometric analysis of traveling wave solutions of the modified equal width Burgers equation [J]. Mathematical methods in the applied sciences, 2022, 45 (16): 9560-9577.

[65] YAN T. The numerical solutions for the non homogeneous Burgers' equation with the generalized Hopf-Cole transformation [J]. Networks and heterogeneous media, 2023, 18 (1): 359-379.

[66] GAMZAEV K M. Numerical solution of combined inverse problem for generalized Burgers equation [J]. Journal of mathematical sciences, 2017, 221 (6): 833-840.

[67] ZEIDABADI H, POURGHOLI R, TABASI S H. Solving a nonlinear inverse system of Burgers equations [J]. International journal of nonlinear analysis and applications, 2019, 10 (1): 35-54.

[68] APRAIZ J, DOUBOVA A, FERNÁNDEZCARA E, et al. Some inverse problems for the Burgers equation and related systems [J]. Communications in nonlinear science and numerical simulation, 2022 (107): 106113.

[69] CARASSO A S. Stable explicit stepwise marching scheme in ill-posed timereversed 2D Burgers' equation [J]. Inverse problems in science and engineering, 2019, 27 (12): 1672-1688.

[70] FREDHOLM I. Sur une classe equations fonctionnelles [J]. Acta mathematica, 1903, 27: 365-390.

[71] HADAMARD J S. Lectures on Cauchy's problem in linear partial differential equations [M]. New Haven: Yale University Press, 1923.

[72] SAITOH S, SAWANO Y. Theory of reproducing kernels and applications [M]. Singapore: Springer, 2016.

[73] NASHED M Z, WAHBA G. Generalized inverses in reproducing kernel spaces: an approach to regularization of linear operator equations [J]. SIAM journal on mathematical analysis, 1974, 5 (6): 974-987.

[74] DU N. Finite-dimensional approximation settings for infinite-dimensional Moore-Penrose inverses [J]. SIAM journal on numerical analysis, 2008, 46 (3): 1454-1482.

[75] PHILLIPS D L. A technique for the numerical solution of certain integral equations of the first kind [J]. Journal of the association for computing machinery, 1962, 9 (1): 84-97.

[76] TIKHONOV A N. On the solution of ill-posed problems and the method of regularization [J]. Doklady akademii nauk, 1963, 151 (3): 501-504.

[77] GROETSCH C W. Integral equations of the first kind, inverse problems and regularization: a crash course [J]. Journal of physics: conference series, 2007, 73 (1): 12001.

[78] YOU Y, MIAO G. On the regularization method of the first kind of Fredholm integral equation with a complex kernel and its application [J]. Applied mathematics and mechanics, 1998, 19 (1): 75-83.

[79] TANANA V P, VISHNYAKOV E Y, SIDIKOVA A I. An approximate solution of a Fredholm integral equation of the first kind by the residual method [J]. Numerical analysis and applications, 2016 (9): 74-81.

[80] LI G, LIU Y. A new regularizing algorithm for solving the first kind of Fredholm integral equations [J]. Journal of mathematical research with applications, 2005, 25 (2): 204-210.

[81] RAJAN M. A parameter choice strategy for the regularized approximation of Fredholm integral equations of the first kind [J]. International journal of computer mathematics, 2010, 87 (11): 2612-2622.

[82] NAIR M T, PEREVERZEV S V. Regularized collocation method for Fredholm integral equations of the first kind [J]. Journal of complexity, 2007, 23 (4-6): 454-467.

[83] LUO X, LI F, YANG S. A posteriori parameter choice strategy for fast multiscale methods solving ill-posed integral equations [J]. Advances in computational mathematics, 2012, 36 (2): 299-314.

[84] LUO X, OUYANG Z, ZENG C, et al. Multiscale Galerkin methods for the nonstationary iterated Tikhonov method with a modified posteriori parameter selection [J]. Journal of inverse and Ill-posed problems, 2018, 26 (1): 109-120.

[85] ZHANG R, ZHOU B. Heuristic parameter choice rule for solving linear ill-posed integral equations in finite dimensional space [J]. Journal of computational and applied mathematics, 2022 (400): 113741.

[86] HANSON R J. A numerical method for solving Fredholm integral equations of the first kind using singular values [J]. SIAM journal on numerical analysis, 1971, 8 (3): 616-622.

[87] GRAVES J, PRENTER P. Numerical iterative filters applied to first kind Fredholm integral equations [J]. Numerische mathematik, 1978, 30 (3): 281-299.

[88] MESGARANI H, AZARI Y. Numerical investigation of Fredholm integral equation of the first kind with noisy data [J]. Mathematical Sciences, 2019 (13): 267-278.

[89] ARCHIBALD T, TAZZIOLI R. Integral equations between theory and practice: the cases of Italy and France to 1920 [J]. Archive for history of exact sciences, 2014 (68): 547-597.

[90] PICARD É. Sur un theoreme general relatif aux equations integrales

de premiere espece et sur quelques problemes de physique mathematique [J]. Rendiconti del circolo matematico di palermo, 1910, 29 (1): 79-97.

[91] VOGEL C. Optimal choice of a truncation level for the truncated SVD solution of linear first kind integral equations when data are noisy [J]. SIAM journal on numerical analysis, 1986, 23 (1): 109-117.

[92] NEGGAL B, BOUSSETILA N, REBBANI F. Projected Tikhonov regularization method for Fredholm integral equations of the first kind [J]. Journal of inequalities and applications, 2016, 2016 (1): 1-21.

[93] BUCCINI A, PASHA M, REICHEL L. Generalized singular value decomposition with iterated Tikhonov regularization [J]. Journal of Computational and Applied Mathematics, 2020 (373): 112276.

[94] PATEL S, LAXMI P B, NELAKANTI G. Multi-projection methods for Fredholm integral equations of the first kind [J]. International journal of computer mathematics, 2023, 100 (4): 722-744.

[95] YOUSEFI S, BANIFATEMI A. Numerical solution of Fredholm integral equations by using CAS wavelets [J]. Applied mathematics and computation, 2006, 183 (1): 458-463.

[96] SHANG X, HAN D. Numerical solution of Fredholm integral equations of the first kind by using linear Legendre multi-wavelets [J]. Applied mathematics and computation, 2007, 191 (2): 440-444.

[97] MALEKNEJAD K, SOHRABI S. Numerical solution of Fredholm integral equations of the first kind by using Legendre wavelets [J]. Applied mathematics and computation, 2007, 186 (1): 836-843.

[98] QIAN T. Reproducing kernel sparse representations in relation to operator equations [J]. Complex analysis and operator theory, 2020, 14 (2): 1-15.

[99] 钱涛, 曲伟, 黄勇. 算子方程基本问题解的再生核稀疏表示 [J]. 中国科学: 数学, 2021, 51 (1): 209-224.

[100] CARMELI C, DE VITO E, TOIGO A. Vector valued reproducing kernel Hilbert spaces of integrable functions and Mercer theorem [J]. Analysis and Applications, 2006, 4 (4): 377-408.

[101] SAITOH S. Best approximation, Tikhonov regularization and reproducing kernels [J]. Kodai mathematical journal, 2005, 28 (2): 359-367.

[102] AI M, LI K, LIU S, et al. Balanced incomplete Latin square designs [J]. Journal of statistical planning and inference, 2013, 143 (9): 1575-1582.

[103] CUI W, LI X, ZHOU S, et al. Investigation on process parameters of electro spinning system through orthogonal experimental design [J]. Journal of applied polymer science, 2007, 103 (5): 3105-3112.

[104] FANG K, LIU M, QIN H, et al. Theory and application of uniform experimental designs [M]. Beijing: Science Press, 2018.

[105] MOHAMMADI H, RICHE R L, DURRANDE N, et al. An analytic comparison of regularization methods for Gaussian processes [J]. arXiv preprint arXiv: 1602.00853, 2016.

[106] WAHBA G. On the optimal choice of nodes in the collocation-projection method for solving linear operator equations [J]. Journal of approximation theory, 1976, 16 (2): 175-186.

[107] LIU J. Optimal experimental designs for linear inverse problems [J]. Inverse problems in engineering, 2001, 9 (3): 287-314.

[108] BABAEI M, PAN I. Performance comparison of several response surface surrogate models and ensemble methods for water injection optimization under uncertainty [J]. Computers & geosciences, 2016 (91): 19-32.

[109] SUN G, LI G, GONG Z, et al. Radial basis functional model for multi-objective sheet metal forming optimization [J]. Engineering optimization, 2011, 43 (12): 1351-1366.

[110] LI X, GONG C, GU L, et al. A sequential surrogate method for reliability analysis based on radial basis function [J]. Structural safety, 2018 (73): 42-53.

[111] LIU Y, WANG X, WANG L. Interval uncertainty analysis for static response of structures using radial basis functions [J]. Applied mathematical modelling, 2019 (69): 425-440.

[112] BRUNNER L J. Bayesian linear regression with error terms that have symmetric unimod al densities [J]. Journal of nonparametric statistics, 1995, 4 (4): 335-348.

[113] MURATA H, ARAIE M, ASAOKA R. A new approach to measure

visual field progression in glaucoma patients using variational Bayes linear regression [J]. Investigative ophthalmology & visual science, 2014, 55 (12): 8386-8392.

[114] KRIGE D G. A statistical approach to some basic mine valuation problems on the Witwatersrand [J]. Journal of the Southern African Institute of Mining and Metallurgy, 1951, 52 (6): 119-139.

[115] MATHERON G. Principles of geostatistics [J]. Economic geology, 1963, 58 (8): 1246-1266.

[116] KLEIJNEN J P. Kriging meta modeling in simulation: a review [J]. European journal of operational research, 2009, 192 (3): 707-716.

[117] ZHOU Y, LU Z. An enhanced Kriging surrogate modeling technique for high-dimensional problems [J]. Mechanical systems and signal processing, 2020 (140): 106687.

[118] 李耀辉. 基于Kriging模型的全局近似与仿真优化方法 [D]. 武汉: 华中科技大学, 2015.

[119] VIRDEE T, KOTTEGODA N. A brief review of kriging and its application to optimal interpolation and observation well selection [J]. Hydrological sciences journal, 1984, 29 (4): 367-387.

[120] LV Z, LU Z, WANG P. A new learning function for Kriging and its applications to solve reliability problems in engineering [J]. Computers & mathematics with applications, 2015, 70 (5): 1182-1197.

[121] LATANIOTIS C, MARELLI S, SUDRET B. The Gaussian process modelling module in UQLab [J]. arXiv preprint arXiv: 1709.09382, 2017.

[122] HOCK R, JENSEN H. Application of kriging interpolation for glacier mass balance computations [J]. Geografiska annaler: series A, physical geography, 1999, 81 (4): 611-619.

[123] LI Y, WANG X, CHEN Y, et al. Application of predictor variables to support regression kriging for the spatial distribution of soil organic carbon stocks in native temperate grasslands [J]. Journal of soils and sediments, 2023, 23 (2): 700-717.

[124] LE N D, ZIDEK J V. Statistical analysis of environmental space-

time processes [M]. New York: Springer, 2006.

[125] WANG H, ZHU X, DU Z. Aerodynamic optimization for low pressure turbine exhaust hood using Kriging surrogate model [J]. International communications in heat and mass transfer, 2010, 37 (8): 998-1003.

[126] AZIZI M J, SEIFI F, MOGHADAM S. A robust simulation optimization algorithm using kriging and particle swarm optimization: application to surgery room optimization [J]. Communications in statistics-simulation and computation, 2021, 50 (7): 2025-2041.

[127] RASMUSSEN C E, NICKISCH H. Gaussian processes for machine learning (GPML) toolbox [J]. The journal of machine learning research, 2010 (11): 3011-3015.

[128] GARDNER J, PLEISS G, WEINBERGER K Q, et al. Gpytorch: blackbox matrix-matrix gaussian process inference with gpu acceleration [J]. Advances in neural information processing systems, 2018 (31): 1-11.

[129] WILLIAMS C K, RASMUSSEN C E. Gaussian processes for machine learning [M]. Cambridge: MIT Press, 2006.

[130] ZHU B, HIRAISHI T, PEI H, et al. Efficient reliability analysis of slopes integrating the random field method and a Gaussian process regression-based surrogate model [J]. International journal for numerical and analytical methods in geomechanics, 2021, 45 (4): 478-501.

[131] 何志昆，刘光斌，赵曦晶，等. 高斯过程回归方法综述 [J]. 控制与决策，2013，28 (8): 1121-1130.

[132] SATRIA P P, RIZKI Z L, SHIMOYAMA K. Gaussian process surrogate model with composite kernel learning for engineering design [J]. AIAA journal, 2020, 58 (4): 1864-1880.

[133] MORITA Y, REZAEIRAVESH S, TABATABAEI N, et al. Applying Bayesian optimization with Gaussian process regression to computational fluid dynamics problems [J]. Journal of computational physics, 2022 (449): 110788.

[134] HO A, CITRIN J, AURIEMMA F, et al. Application of Gaussian process regression to plasma turbulent transport model validation via integrated modelling [J]. Nuclear fusion, 2019, 59 (5): 056007.

[135] YAN L, DUAN X, LIU B, et al. Gaussian processes and polynomial chaos expansion for regression problem: linkage via the RKHS and comparison via the KL divergence [J]. Entropy, 2018, 20 (3): 1-22.

[136] WANG B, YAN L, DUAN X, et al. An integrated surrogate model constructing method: annealing combinable Gaussian process [J]. Information sciences, 2022 (591): 176-194.

[137] SCHULZ E, SPEEKENBRINK M, KRAUSE A. A tutorial on Gaussian process regression: modelling, exploring, and exploiting functions [J]. Journal of mathematical psychology, 2018 (85): 1-16.

[138] RANGANATHAN A, YANG M H, HO J. Online sparse Gaussian process regression and its applications [J]. IEEE transactions on image processing, 2010, 20 (2): 391-404.

[139] TRIPATHY R, BILIONIS I, GONZALEZ M. Gaussian processes with built-in dimensionality reduction: applications to high-dimensional uncertainty propagation [J]. Journal of computational physics, 2016 (321): 191-223.

[140] DEMAY C, IOOSS B, LE GRATIET L, et al. Model selection based on validation criteria for Gaussian process regression: an application with highlights on the predictive variance [J]. Quality and reliability engineering international, 2022, 38 (3): 1482-1500.

[141] 周长海. 低速风洞洞壁干扰修正的积分方法 [J]. 空气动力学学报, 1985 (2): 3-11.

[142] 邓中兴, 崔明根. 第一类 Fredholm 积分方程的解析解 [J]. 哈尔滨科学技术大学学报, 1991, 15 (4): 79-85.

[143] RASEKH M, FAKHRI N. The use of homotopy regularization method for liner and nonlinner Fredholm integral equations of the first kind [J]. Journal of mathematics and statistics studies, 2023, 4 (1): 19-25.

[144] 沈以淡. 积分方程 [M]. 3 版. 北京: 清华大学出版社, 2012.

[145] WAZWAZ A M. The regularization method for Fredholm integral equations of the first kind [J]. Computers & mathematics with applications, 2011, 61 (10): 2981-2986.

[146] MOLABAHRAMI A. An algorithm based on the regularization and

integral mean value methods for the Fredholm integral equations of the first kind [J]. Applied mathematical modelling, 2013, 37 (23): 9634-9642.

[147] MASOURI Z, HATAMZADEH S. A regularization-direct method to numerically solve first kind Fredholm integral equation [J]. Kyungpook mathematical journal, 2020, 60 (4): 869-881.

[148] MALEKNEJAD K, SAEEDIPOOR E. An efficient method based on hybrid functions for Fredholm integral equation of the first kind with convergence analysis [J]. Applied mathematics and computation, 2017 (304): 93-102.

[149] BAHMANPOUR M, KAJANI M T, MALEKI M. Solving Fredholm integral equations of the first kind using Müntz wavelets [J]. Applied numerical mathematics, 2019 (143): 159-171.

[150] 熊芬芬, 杨树兴, 刘宇, 等. 工程概率不确定性分析方法 [M]. 北京: 科学出版社, 2015.

[151] STUART A, TECKENTRUP A. Posterior consistency for Gaussian process approximations of Bayesian posterior distributions [J]. Mathematics of computation, 2018, 87 (310): 721-753.

[152] SUN W, WEI Y. Triple reverse-order law for weighted generalized inverses [J]. Applied mathematics and computation, 2002, 125 (3): 221-229.

[153] WANG G, WEI Y, QIAO S, et al. Generalized inverses: theory and computations [M]. New York: Springer, 2018.

[154] YUAN D, ZHANG X. An overview of numerical methods for the first kind Fredholm integral equation [J]. SN applied sciences, 2019 (1): 1-12.

[155] CHEN Z, XU Y, YANG H. Fast collocation methods for solving ill-posed integral equations of the first kind [J]. Inverse problems, 2008, 24 (6): 065007.

[156] RAMLAU R, REICHEL L. Error estimates for Arnoldi Tikhonov regularization for ill-posed operator equations [J]. Inverse problems, 2019, 35 (5): 055002.

[157] REICHEL L, SADOK H, ZHANG W. Simple stopping criteria for the LSQR method applied to discrete ill-posed problems [J]. Numerical algorithms, 2020 (84): 1381-1395.

[158] WAHBA G. Practical approximate solutions to linear operator equations when the data are noisy [J]. SIAM journal on numerical analysis, 1977, 14 (4): 651-667.

[159] WEN J, WEI T. Regularized solution to the Fredholm integral equation of the first kind with noisy data [J]. Journal of applied mathematics & informatics, 2011, 29 (1-2): 23-37.

[160] XUE G, YE Y. An efficient algorithm for minimizing a sum of Euclidean norms with applications [J]. SIAM journal on optimization, 1997, 7 (4): 1017-1036.

[161] CAI H, JIA X, FENG J, et al. Gaussian process regression for numerical wind speed prediction enhancement [J]. Renewable energy, 2020 (146): 2112-2123.

[162] ZHANG Y, XU X. Predicting the delamination factor in carbon fibre reinforced plastic composites during drilling through the Gaussian process regression [J]. Journal of composite materials, 2021, 55 (15): 2061-2068.

[163] ZENG A, HO H, YU Y. Prediction of building electricity usage using Gaussian process regression [J]. Journal of building engineering, 2020 (28): 101054.

[164] YAN W, HU S, YANG Y, et al. Bayesian migration of Gaussian process regression for rapid process modeling and optimization [J]. Chemical engineering journal, 2011, 166 (3): 1095-1103.

[165] WANG W. On the inference of applying Gaussian process modeling to a deterministic function [J]. Electronic journal of statistics, 2021, 15 (2): 5014-5066.

[166] JIN S. Gaussian processes: karhunen-Loeve expansion, small ball estimates and applications in time series models [D]. Newark: University of Delaware, 2014.

[167] VENKATARAMANAN L, SONG Y, HURLIMANN M D. Solving Fredholm integrals of the first kind with tensor product structure in 2 and 2.5 dimensions [J]. IEEE transactions on signal processing, 2002, 50 (5): 1017-1026.

[168] 李星. 积分方程 [M]. 北京：科学出版社, 2008.

[169] SCHABACK R, WENDLAND H. Approximation by positive definite kernels [J]. Advanced problems in constructive approximation, 2001 (142): 203-221.

[170] 高洁. 一组带扰积分算子 M-P 逆的抗扰投影逼近 [J]. 数学杂志, 2018, 38 (4): 751-760.

[171] RABBANI M, MALEKNEJAD K, AGHAZADEH N, et al. Computational projection methods for solving Fredholm integral equation [J]. Applied mathematics and computation, 2007, 191 (1): 140-143.